21世纪高等学校计算机教育实用规划教材

新编C程序设计实训教程

宋传磊 主编
江连海 王磊 吴伟伟 副主编

清华大学出版社
北京

内 容 简 介

针对应用技能型人才培养的目标和要求,并结合主教材《新编 C 程序设计案例教程》和实际上机训练情况,本书精心设计了实验案例、任务提高和习题,使得程序设计真正与实际相结合。本书内容包括 Visual C++ 6.0 集成开发环境、实验案例、课程习题和习题参考答案。其中,对于实验部分,结合每章的实际内容,主要设计了实验目的、需求陈述、分析、设计、编码实现和测试等环节,严格按照"软件工程"的软件开发方法进行阐述,让读者在本课程的学习过程中能够对"软件开发过程"拥有足够的认识。对于习题的设置,结合每章的内容,主要设计了基础知识和程序设计两大类型。本书的实验案例都通过了调试验证,习题解答全部上机通过,实验和习题选择恰当,具有启发性和实用性,并与理论教学紧密结合。

本书共 14 章:总体上可以分为 4 个部分。第 1 部分 Visual C++ 6.0 集成开发环境(第 1 章),第 2 部分实验部分(第 2～12 章),第 3 部分习题(第 13 章),第 4 部分参考答案(第 14 章)。

本书是学习 C 语言和实践上机的必备参考书,适合作为应用型高等院校非计算机专业的计算机程序设计实验教学用书,也可以作为计算机、软件工程专业从事计算机应用的科技人员的参考书和培训教材。

图书在版编目(CIP)数据

新编 C 程序设计实训教程/宋传磊主编. --北京:清华大学出版社,2016

21 世纪高等学校计算机教育实用规划教材

ISBN 978-7-302-42063-7

Ⅰ. ①新…　Ⅱ. ①宋…　Ⅲ. ①C 语言－程序设计－高等学校－教材　Ⅳ. ①TP312

中国版本图书馆 CIP 数据核字(2015)第 264717 号

责任编辑:刘　星　薛　阳
封面设计:常雪影
责任校对:时翠兰
责任印制:刘海龙

出版发行:清华大学出版社
　　　　网　　　址:http://www.tup.com.cn,http://www.wqbook.com
　　　　地　　　址:北京清华大学学研大厦 A 座　　　邮　　编:100084
　　　　社 总 机:010-62770175　　　　　　　　　　邮　　购:010-62786544
　　　　投稿与读者服务:010-62776969,c-service@tup.tsinghua.edu.cn
　　　　质 量 反 馈:010-62772015,zhiliang@tup.tsinghua.edu.cn
　　　　课 件 下 载:http://www.tup.com.cn,010-62795954
印 装 者:北京密云胶印厂
经　　销:全国新华书店
开　　本:185mm×260mm　　　印　张:10.25　　　字　数:250 千字
版　　次:2016 年 1 月第 1 版　　　　　　　　印　次:2016 年 1 月第 1 次印刷
印　　数:1～2000
定　　价:29.00 元

产品编号:065773-01

出 版 说 明

随着我国高等教育规模的扩大以及产业结构调整的进一步完善,社会对高层次应用型人才的需求将更加迫切。各地高校紧密结合地方经济建设发展需要,科学运用市场调节机制,合理调整和配置教育资源,在改革和改造传统学科专业的基础上,加强工程型和应用型学科专业建设,积极设置主要面向地方支柱产业、高新技术产业、服务业的工程型和应用型学科专业,积极为地方经济建设输送各类应用型人才。各高校加大了使用信息科学等现代科学技术提升、改造传统学科专业的力度,从而实现传统学科专业向工程型和应用型学科专业的发展与转变。在发挥传统学科专业师资力量强、办学经验丰富、教学资源充裕等优势的同时,不断更新教学内容、改革课程体系,使工程型和应用型学科专业教育与经济建设相适应。计算机课程教学在从传统学科向工程型和应用型学科转变中起着至关重要的作用,工程型和应用型学科专业中的计算机课程设置、内容体系和教学手段及方法等也具有不同于传统学科的鲜明特点。

为了配合高校工程型和应用型学科专业的建设和发展,急需出版一批内容新、体系新、方法新、手段新的高水平计算机课程教材。目前,工程型和应用型学科专业计算机课程教材的建设工作仍滞后于教学改革的实践,如现有的计算机教材中有不少内容陈旧(依然用传统专业计算机教材代替工程型和应用型学科专业教材),重理论、轻实践,不能满足新的教学计划、课程设置的需要;一些课程的教材可供选择的品种太少;一些基础课的教材虽然品种较多,但低水平重复严重;有些教材内容庞杂,书越编越厚;专业课教材、教学辅助教材及教学参考书短缺,等等,都不利于学生能力的提高和素质的培养。为此,在教育部相关教学指导委员会专家的指导和建议下,清华大学出版社组织出版本系列教材,以满足工程型和应用型学科专业计算机课程教学的需要。本系列教材在规划过程中体现了如下一些基本原则和特点。

(1)面向工程型与应用型学科专业,强调计算机在各专业中的应用。教材内容坚持基本理论适度,反映基本理论和原理的综合应用,强调实践和应用环节。

(2)反映教学需要,促进教学发展。教材规划以新的工程型和应用型专业目录为依据。教材要适应多样化的教学需要,正确把握教学内容和课程体系的改革方向,在选择教材内容和编写体系时注意体现素质教育、创新能力与实践能力的培养,为学生知识、能力、素质协调发展创造条件。

(3)实施精品战略,突出重点,保证质量。规划教材建设仍然把重点放在公共基础课和专业基础课的教材建设上;特别注意选择并安排一部分原来基础比较好的优秀教材或讲义修订再版,逐步形成精品教材;提倡并鼓励编写体现工程型和应用型专业教学内容和课程体系改革成果的教材。

（4）主张一纲多本，合理配套。基础课和专业基础课教材要配套，同一门课程可以有多本具有不同内容特点的教材。处理好教材统一性与多样化，基本教材与辅助教材，教学参考书，文字教材与软件教材的关系，实现教材系列资源配套。

（5）依靠专家，择优选用。在制订教材规划时要依靠各课程专家在调查研究本课程教材建设现状的基础上提出规划选题。在落实主编人选时，要引入竞争机制，通过申报、评审确定主编。书稿完成后要认真实行审稿程序，确保出书质量。

繁荣教材出版事业，提高教材质量的关键是教师。建立一支高水平的以老带新的教材编写队伍才能保证教材的编写质量和建设力度，希望有志于教材建设的教师能够加入到我们的编写队伍中来。

21 世纪高等学校计算机教育实用规划教材编委会

联系人：魏江江 weijj@tup.tsinghua.edu.cn

前　言

1. 为什么要写本书

本书是《新编 C 程序设计案例教程》的配套实验指导教材。计算机程序设计课程是一门实践性很强的课程,需要读者通过上机反复实践练习才能加深对概念的理解和掌握。重视实践环节,是学好计算机程序设计课程的关键。

为了提高读者对 C 语言学习的兴趣,本书每个实验均设计成贴近生活联系实际、凸显趣味性,能够让读者认识到 C 语言不是枯燥、高深的课程,是可以学以致用,激发读者学习热情的。同时,每个实验均设有知识点回顾,通过实验对读者容易出错、理解不透彻的知识点进行针对性的练习,为后期独立程序设计打下坚实基础。

2. 内容特色和结构安排

本书紧扣读者需求,采用循序渐进的方式,深入浅出地论述了各实验的软件开发过程;此外,本书还分享了大量的程序源代码并附有详细的注解,有助于读者加深对程序设计的理解。

本书共 14 章,由 4 个部分组成。第 1 部分 Visual C++ 6.0 集成开发环境(第 1 章),该部分讲解了 Visual C++ 6.0 的安装、启动和退出;同时对 Visual C++ 6.0 集成开发环境进行了详细的讲解;教会读者如何创建工程,如何编写源程序,如何编辑,如何连接生成可执行程序。第 2 部分实验部分(第 2~12 章),该部分针对主教材,共设有 11 个实验,每个实验都是针对每章的知识点,非常有针对性;每个实验都有实验目的、知识点回顾、应用案例、实验小结、编程提高和本章小结 6 个部分,其中应用案例的讲解严格按照“软件工程”的软件开发方法进行阐述,让读者在学习过程中能够对“软件开发过程”拥有足够的认识。第 3 部分习题(第 13 章),对于习题的设置,紧密结合主教材章节知识点,分别设计了相应的习题,总体上包含基础知识和程序设计两大类型。第 4 部分参考答案(第 14 章),该部分内容主要针对第 2 部分中的编程提高和第 3 部分的习题,提供的答案都经过严谨测试。

第 1 章、第 8 章、第 12 章、第 13 章和第 14 章由宋传磊编写,第 2 章、第 4 章和第 7 章由吴伟伟编写,第 3 章、第 6 章和第 9 章由王磊编写,第 5 章、第 10 章和第 11 章由江连海编写,其中第 14 章中吴伟伟老师对习题 2、习题 3 做了答案分析,王磊老师对习题 5、习题 6 做了分析,江连海老师对习题 7、习题 8 做了分析。副主编的署名按音序排列。

3. 读者对象

• 非计算机专业理工科,如土木工程、机械设计制造、电气工程等;

- 电子信息工程、计算机科学与技术相关专业的本科生、研究生；
- 相关工程技术人员。

4. 致谢

限于编者的水平和经验，加之时间比较仓促，疏漏或者错误之处在所难免，敬请读者批评指正。有兴趣的朋友可发送邮件到：114970184@qq.com 与作者交流；也可发送邮件到 workemail6@163.com 与本书策划编辑进行交流。

编　者

2015 年 8 月于青岛

目 录

第1章 Visual C++集成开发环境

1.1 Visual C++ 6.0 的安装、启动和退出

1.1.1 Visual C++ 6.0 的安装

1. 系统环境要求

硬件要求：CPU 586 以上，内存 16MB 以上，至少 100MB 硬盘空间等。

软件要求：目前常用的 Windows 操作系统都可以。

2. 安装过程

Visual Studio 6.0 是一款套装软件，Visual C++ 6.0 是其中的一员。可以与套装软件一起安装，也可以单独安装。Visual C++ 6.0 分为典型安装和自定义安装两种方式。

首先，将安装光盘放入光驱，或者如果在硬盘上有安装文件，双击 setup.exe 文件，根据安装过程的提示信息，依次选择"接受协议"、"输入序列号"等，即可完成安装，如图 1-1 所示。同时也可以有选择性地安装 MSDN(Microsoft Developer Network Library)，获取联机帮助。

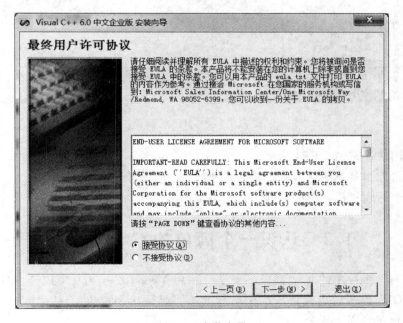

图 1-1　安装向导

1.1.2　Visual C++ 6.0 的启动

Visual C++ 6.0 的启动通常有以下三种方式。

（1）通过"开始"菜单启动。在"开始"菜单中，选择"所有程序"，在 Microsoft Visual C++ 6.0 目录中选择 Microsoft Visual C++ 6.0 就可以运行程序了。

（2）利用快捷方式启动。如桌面上有 Visual C++ 6.0 的快捷方式图标，双击该图标即可启动。

（3）通过"运行"命令启动。在"开始"菜单中选择"运行"命令，在"运行"对话框中输入 msdev，也可以启动 Visual C++ 6.0。

1.1.3　Visual C++ 6.0 的退出

Visual C++ 6.0 的退出通常有以下 4 种方式。

（1）利用"文件"菜单中的"退出"命令退出，如图 1-2 所示。

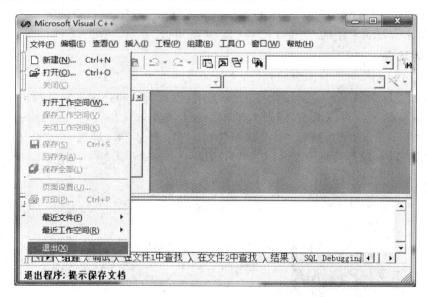

图 1-2　"文件"菜单

（2）利用快捷键 Alt＋F4 退出。

（3）双击控制菜单图标或右击标题栏选择"关闭"命令，也可以退出。

（4）单击标题栏最右边的"关闭"按钮完成退出。

1.2　认识一个简单的 C 语言程序

通过编写一个简单的 C 语言程序来学习使用 Visual C++ 6.0 集成开发环境以及如何通过该环境实现程序的运行。该程序运行的结果是输出字符串"Hello，World！"。整个程序的实现过程包含以下 4 个步骤：

（1）编辑源程序。将程序代码输入并保存成 .c 文件。

（2）编译源程序。产生目标程序.obj 文件。

（3）连接程序。生成可执行程序.exe 文件。

（4）运行程序。运行可执行程序文件。

该 4 个步骤，其中第（1）步编辑源程序是最繁杂、最细致的由人工完成的工作；其他 3 个步骤则相对简单，基本上都是由计算机自动完成的。

下面分别通过工程和集成开发环境的应用来学习 C 程序的设计实现过程。

1.2.1 工程和工程工作空间

工程也称为"项目"，任何程序都要创建与其相关的工程，每个工程又总有一个工作空间（工作区）与其关联。

Visual C++ 6.0 通过工程工作空间来组织工程及其相关元素，可以把工程工作空间理解为一个目录或文件夹，用于组织和管理程序涉及的所有文件和资源。通常情况下，一个工作空间中存放一个工程。在创建工程时，同时要创建一个工程工作空间，通过该工作空间窗口管理和存取此工程的各种元素及其相关信息。创建工程工作空间后，系统将创建出相应的工作空间文件（.dsw），另外还将创建其他几个相关文件，如工程文件（.dsp）、选择信息文件（.opt）等，如图 1-3 所示。

图 1-3 工程与工程工作空间

编写 C 语言程序时也要创建工程，工程类型为 Win32 Console Application，称为控制台应用程序，是用来编写和运行 C 语言程序方法中最简单的一种，该控制台应用程序与传统 DOS 操作系统保持某种程序的兼容，同时又不需要为用户提供完善界面的程序。

1.2.2 认识 Visual C++ 6.0 集成开发环境

启动 Visual C++ 6.0,首次启动界面如图 1-4 所示。

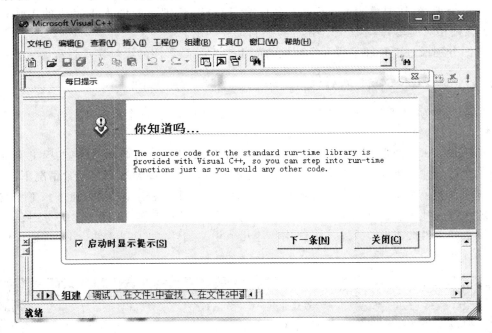

图 1-4　启动界面

用户可以单击"下一条"按钮来获取帮助信息,如果以后启动 Visual C++ 6.0 时不希望获取帮助信息,可以通过取消选择"启动时显示提示"复选框来实现。单击"关闭"按钮结束查看提示信息,进入 Visual C++ 6.0 集成开发环境(Integrated Development Environment,IDE),如图 1-5 所示。

1.2.3 创建工程并输入 C 语言源程序代码

首先,创建工程及工程工作空间。

1. 建立 Win32 Console Application 工程

选择"文件"菜单中的"新建"命令,在弹出对话框中选择"工程"标签,在该标签中选择 Win32 Console Application 选项,然后在右侧"工程名称"文本框中输入工程名(如 project1),在"位置"文本框中输入存放工程相关文件的目录名(如 d:\c),也可以单击"…"按钮选择并指定目录位置,如图 1-6 所示。

然后选中"创建新的工作空间"单选按钮,单击"确定"按钮,打开图 1-7 所示的对话框。此对话框主要是询问用户想要创建一个什么类型的工程,各选项的含义如下。

- 一个空工程。生成一个空的工程,不包含任何文件。
- 一个简单的程序。生成包含一个空的 main()函数和一个空的头文件的工程。
- 一个"Hello,World!"程序。与一个简单程序相似,只是包含有显示"Hello,World!"字符串的输出语句。

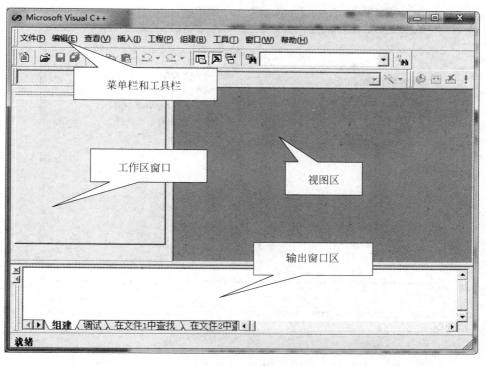

图 1-5　集成开发环境

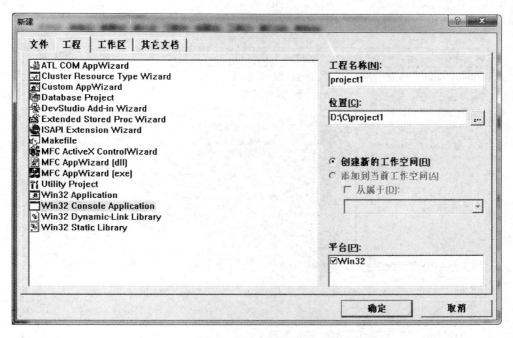

图 1-6　新建工程向导

Visual C++集成开发环境

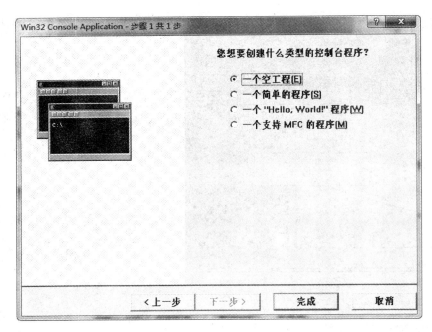

图 1-7　项目类型向导

　　• 一个支持 MFC 的程序。可以使用 Visual C++ 6.0 所提供的类库来进行编程。

　　为了编写和运行 C 语言程序,可选择"一个空工程"单选按钮,单击"完成"按钮。将弹出"新建工程信息"对话框,单击"确定"按钮,系统将建立并打开一个空的工程,进入真正的编程环境,工程窗口如图 1-8 所示。

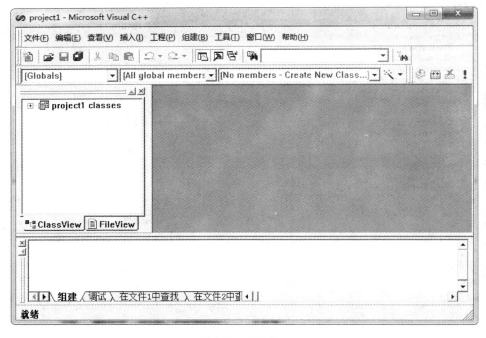

图 1-8　工程窗口

工程窗口中有两个标签 ClassView 和 FileView，ClassView 中列出了工程中所包含的所有类的相关信息，C 语言中不涉及类，所以这个标签是空的。File View 中列出了该工程中包含的所有文件信息，单击＋图标将进一步展开，可以看到 Source Files、Header Files 和 Resource Files 三个文件夹；Source Files 文件夹包含了工程中所有的源文件(.c)，Header Files 文件夹中包含了工程中所有的头文件(.h)，Resource Files 文件夹中包含了工程中所有的资源文件。因为当前创建的是空工程，所以现在的 FileView 中也不存在任何文件。

2. 向工程中增加 C 语言源程序

通常情况下，可以通过两种方式向工程中增加 C 语言源程序文件。

选择"工程"→"增加到工程"→"新建"命令，在弹出的对话框中选择"文件"标签，在其选项卡中选择 C++ Source File 选项，在右侧"文件"文本框中输入文件名(如 project1.c)，注意扩展名不能省略，其他遵照系统默认设置。

选择"文件"菜单中的"新建"命令，在弹出的对话框中选择"文件"标签，具体设置如图 1-9 所示。

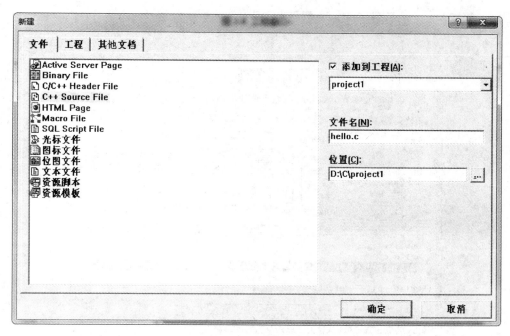

图 1-9　新建文件向导

单击"确定"按钮，进入源程序的编辑窗口，在该窗口中完成源文件的输入。源程序代码如图 1-10 所示，同时通过工作空间显示窗口中的 FileView 标签，查看到 Source Files 文件夹下文件 hello.c 已被添加进去。

1.2.4　编译、连接、运行程序

源程序编写完成后，就可以进行编译、连接和运行了。具体操作如下。

首先选择"组建"菜单中的"编译"命令对源程序进行编译，如果编译中发现错误或警告，在输出窗口中将显示问题存在的行及错误或警告原因，双击某信息，在编辑区左侧将出现一

Visual C++ 集成开发环境

个箭头提示出错行,如图 1-11 所示。

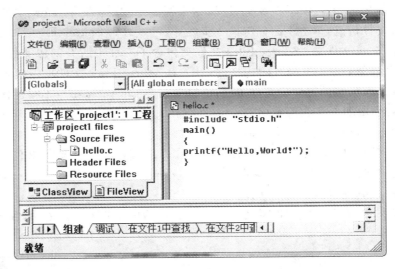

图 1-10　源程序编辑

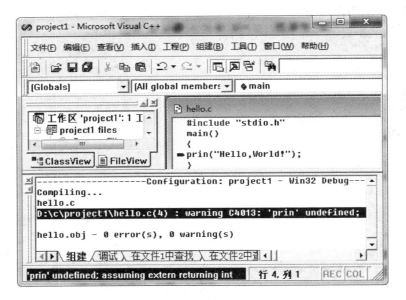

图 1-11　编译错误信息

　　我们可以通过提示信息纠正程序中的错误或警告。错误必须纠正,否则无法进行下一步的连接操作。编译通过后,可以通过"组建"菜单中的"组建"命令来连接生成可执行程序。在连接过程中出现的错误也将在输出窗口中显示,连接成功后,输出窗口中将显示"project1.exe-0 error(s),0 warning(s)"。组建完成后就可以运行该程序了。选择"组建"菜单中的"执行"命令(快捷键为 Ctrl+F5),将运行已经编译好的程序。运行后将出现结果界面,如图 1-12 所示,其中"Press any key to continue"是由系统产生的,按下任意键时将又返回到集成界面的编辑窗口。

图 1-12　结果界面

到此已经生成并运行了一个完整的程序,完成了一个完整的编程任务。此时可以选择"文件"菜单中的"关闭工作空间"命令,来结束一个程序从输入到运行的全过程,返回到刚启动时的初始窗口。

完成一个项目的建立,一个 C 语言源程序的编辑、编译、连接和运行后,工程文件夹中的文件结构如图 1-13 所示。

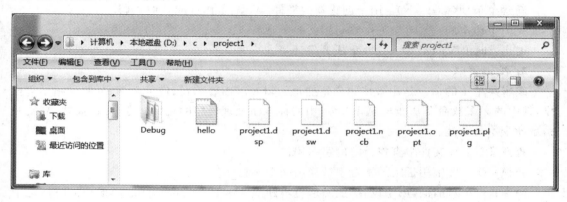

图 1-13　工程文件夹结构

1.2.5　保存工程

如果对工程文件做出了修改,可以选择"文件"菜单中的"保存工作空间"命令即可完成工程的保存。如果项目文件由多个源程序文件构成,需要逐次保存相关的多个源文件,方法相同。

1.2.6　打开文件

如果要打开已经保存过的工程或文件,可以选择"文件"菜单中的"打开"命令完成。

1. 打开工程

选择"文件"菜单中的"打开工作空间"命令,选择相应的项目工作空间文件或项目文件即可。如 d:\c\project1\project1.dsw。

2. 打开源程序文件

通常可以采用两种方法打开源程序文件。

- 选择"文件"菜单中的"打开"命令,输入相应文件路径及文件名(如 d:\c\project1\hello.c),即可打开相关源程序。
- 在 File View 选项卡中选择相应的文件,双击即可。

9

第 1 章

Visual C++集成开发环境

1.3 Visual C++ 6.0 常用的菜单项

Visual C++ 6.0 的菜单栏共有 9 个菜单选择项,通过它们,可以轻松地完成编辑程序和资源、编译、连接及调试程序等各项工作。

通常有两种方法激活菜单栏中的菜单:一是用鼠标左键直接单击相应的菜单,另一种方法是在按住 Alt 键的同时,按下相应菜单的热键,例如要激活 Edit 菜单只要按下 Alt+E 键即可。

下面简单介绍 Visual C++ 6.0 中常用的菜单命令项的功能。

1. 文件菜单

文件菜单包含了各种对文件进行操作的选项,如加载、保存、打印和退出等。

新建菜单项(Ctrl+N):用于创建新的文件、工程、工作区或其他文档。

关闭工作空间:关闭与工作空间相关的所有窗口。

退出:退出 Visual C++ 6.0 集成开发环境。

2. 编辑菜单

编辑菜单中的命令是用来使用户便捷地编辑文件内容的,如进行剪切、复制和粘贴等操作,其中的大多数命令功能与 Windows 中的标准字处理程序的编辑命令一致,剪切、复制和粘贴命令不再赘述。

查找文件:在文件中查找指定的字符串。

替换:在文件中用指定的字符串替换另一个字符串。

断点:弹出对话框,用于设置、删除或查看断点。断点将告诉调试器应该在何时何地中断程序的执行过程,以便查看当时的变量的取值等现场情况。

3. 查看菜单

查看菜单中的命令主要用来改变窗口和工具栏的显示方式,激活调试时所用的各个窗口等。

工作空间:如果工作空间窗口被关闭,用于打开工作空间窗口。

输出:如果输出窗口被关闭,用于打开输出窗口。

4. 插入菜单

插入菜单中的命令主要用于项目及资源的创建和添加。

5. 工程菜单

工程菜单中的命令主要用于项目的操作,如项目中添加源文件等。

添加工程:用于添加文件或数据连接等到工程中去。

设置:为工程进行各种设置。当选择其中的 Debug 标签,并通过 Program arguments 文本框中输入以空格分隔的各命令行参数后,则可以为带参数的 main() 函数提供相应参数。

6. 组建菜单

组建菜单中的命令主要用来对应用程序进行编译、连接、调试、运行。

编译:编译当前处于源代码窗口中的源程序文件,来检查语法错误或作出警告,如果有的话,将显示在输出窗口。

组建：用于连接当前工程中的有关文件，若出现错误的话，也将显示在输出窗口中。

执行：运行已经编译、连接成功的可执行文件。

开始调试：用于启动调试器运行命令。如"去"命令用于从当前语句开始执行程序，直到遇到断点或遇到程序结束；Step Into 命令开始单步执行程序，在遇到函数调用时进入函数内部从头单步执行；Run to Cursor 命令使程序运行到当前鼠标光标所在行时暂停其运行。选择该菜单的命令后，就启动了调试器，此时菜单栏中将出现"调试"菜单而取代了"组建"菜单。

7. 调试菜单

启动调试器后出现"调试"菜单而不再出现"编译"菜单。

GO：从当前语句启动继续运行程序，直到遇到断点或遇到程序结束而停止，与"组建"菜单"开始调试"中"去"命令的功能相同。

Restart：重新从头开始对程序进行调试运行，当对程序进行过某些修改后往往需要使用此命令。

Stop Debugging：中断当前的调试过程并返回正常的编辑状态。此时，系统将自动关闭调试器，并重新使用"组建"菜单来取代"调试"菜单。

Step Into：单步执行程序，在遇到函数调用语句时，进入函数内部，并从头单步执行，与"组建"菜单"开始调试"中 Step Into 命令的功能相同。

Step Over：单步执行程序，在遇到函数调用语句时，不进入函数内部，而是直接执行完该函数后，继续执行函数调用语句后面的语句。

Step Out：与 Step Into 命令配合使用，当执行进入到函数内部，单步执行若干步后，若发现不再需要进行单步调试，通过该命令可以从函数内部返回到函数调用语句的下一条语句处停止。

Run to Cursor：使程序运行到当前鼠标光标所在行时暂停其运行。相当于设置了一个临时断点，与"组建"菜单"开始调试"中 Run to Cursor 命令的功能相同。

8. 帮助菜单

该菜单用于查看 Visual C++ 6.0 的各种联机帮助信息。

1.4　C 语言程序调试工具应用

C 语言程序的编辑、编译、连接和执行过程，前面已经讲解。但若编译和连接过程都正确，但是程序运行的结果不正确，程序中一般是存在某种逻辑错误，此时应该使用调试工具找出程序中隐藏的错误位置。

可以采用设置断点的方式跟踪程序的运行，动态观察程序中变量值的变化。

1. 设置断点

断点共有两种情况：临时性断点和固定性断点。

设置临时性断点：单击或选择需要设置断点的行，然后选择"组建"菜单的"开始调试"中的 Run to Cursor 命令，当程序运行到指定行后将会暂停，在窗口的左下方将列出程序运行到该行时各变量的取值情况。

设置固定性断点：在程序中某行右击，在弹出的快捷菜单中选择 Insert Remove

Breakpoint 命令,单击该选项,此时该行将出现一个圆形的黑点标识,表示已经将该行设置成类固定断点。设置了固定断点后,通过"组建"菜单"开始调试"中的"去"命令运行程序,直到遇到断点或程序执行结束停止。

在应用过程中可以根据需要设置任意多个固定性断点。当然除了位置断点外,还可以设置数据断点、消息断点及条件断点。

2. 清除断点

清除临时性断点:单击"调试"菜单,然后选择 Step Over 命令,则退出单步调试状态。

清除固定性断点有两种方法。一种是通过使用菜单选项,"编辑"菜单"断点"命令,在弹出的对话框中,可以在 Breakpoints 列表栏中先选定固定断点,之后单击 Remove 按钮。另一种是在固定断点行处右击,在快捷菜单中选择 Remove Breakpoint 命令,单击该命令,即可完成固定断点的清除。

第 2 章　实验一：初识 C 语言程序

2.1　目的和要求

（1）学习编写简单的 C 语言程序。
（2）掌握 C 语言程序结构。
（3）掌握 C 语言程序的编辑、编译及运行等过程。

2.2　知 识 回 顾

2.2.1　编程语言

1. 机器语言

机器语言是直接用二进制代码表示指令的计算机语言，是一种低级语言，它最接近计算机硬件，它也是计算机唯一能直接识别的语言。

2. 汇编语言

汇编语言，又称助记符语言，就是采用单词风格的符号替代机器语言中的二进制操作码。

3. 高级语言

高级语言相对汇编语言而言，它是较接近自然语言和数学公式的编程语言、基本上脱离了机器的硬件系统、能够用人们更易理解的方式编写程序。

2.2.2　计算机基础知识

1. 计算机的工作过程

计算机是由运算器、控制器、存储器、输入设备和输出设备五大部件组成的。这 5 大部件的工作过程是：首先，将程序和数据通过输入设备送入存储器；然后，计算机从存储器中依次取出程序指令送到控制器进行识别和分析该指令的功能；控制器根据指令的含义发出相应的命令（如加法、减法），将存储单元中存放的操作数取出送往运算器进行运算，再把运算结果送回存储器指定的单元中；最后，计算机可以根据指令将最终的运算结果通过输出设备进行输出。

2. 计算机系统的组成

（1）硬件系统：主要包括运算器、控制器、存储器和输入设备、输出设备五大部件。

（2）软件系统：指使计算机运行所需的程序。

3. 存储器

存储器是由一个个的单元组成的，每个单元被称为一个存储单元，每个存储单元都有一个编号，这些编号都被称为内存地址。

2.2.3 数制及其转换与数值型数据的存储表示

1. 数制进位中的基本概念

进制：进位记数制，是指用进位的方法进行计数的数制，例如十进制、二进制。

数码：一组用来表示某种数制的符号，如 1、2、3、4、A、B、C 等。

基数：数制所允许使用的数码个数称为"基数"或"基"，常用 R 表示，称 R 进制。

位权：指数码在不同位置上的权值。

2. 数制之间的转换

（1）二进制、八进制、十六进制转换成十进制

对于二进制、八进制、十六进制转换成十进制是比较容易的。不管哪一个进制都可以写出它的按权展开式。

如：
$$(100101.1011)_2 = 1 \times 2^5 + 0 \times 2^4 + 0 \times 2^3 + 1 \times 2^2 + 0 \times 2^1 + 1 \times 2^0$$
$$+ 1 \times 2^{-1} + 0 \times 2^{-2} + 1 \times 2^{-3} + 1 \times 2^{-4}$$
$$= 32 + 0 + 0 + 4 + 0 + 1 + 0.5 + 0 + 0.125 + 0.0625$$
$$= 37.6875$$

$$(234.237)_8 = 2 \times 8^2 + 3 \times 8^1 + 4 \times 8^0 + 2 \times 8^{-1} + 3 \times 8^{-2} + 7 \times 8^{-3}$$
$$= 128 + 24 + 4 + 0.25 + 0.046875 + 0.013671875$$
$$= 156.310546875$$

$$(1a4f.ba5)_{16} = 1 \times 16^3 + 10 \times 16^2 + 4 \times 16^1 + 15 \times 16^0 + 11 \times 16^{-1}$$
$$+ 10 \times 16^{-2} + 5 \times 16^{-3}$$
$$= 4096 + 2560 + 64 + 15 + 0.6875 + 0.0390625 + 0.00122070$$
$$= 6375.727783$$

（2）十进制转换成二进制、八进制、十六进制数

十进制转换为其他进制数时，待转换数据的整数部分和小数部分在转换时需作不同的计算，分别求值后再组合一起。

如：$(286.8125)_{10} = (100011110.1101)_2$

$\quad (286.8125)_{10} = (436.6463)_8$

$\quad (286.8125)_{10} = (11e.d)_{16}$

（3）二进制转换成十六进制和八进制转换成十六进制

在二进制、八进制和十六进制数据的相互转换中，需要利用这三种进制的对应关系。

如：$(100011110.1101)_2 = (436.64)_8$

$\quad (100011110.1101)_2 = (11e.d)_{16}$

3. 二进制数的运算

二进制数的运算，实际上就是对二进制数的每一位进行运算，也称为位运算。主要包括

二进制的加、减、与、或、非、异或等运算。

如：3+5=8,用二进制数表示为：

$$
\begin{array}{r}
00000011 \quad (3) \\
+ \quad 00000101 \quad (5) \\
\hline
00001000 \quad (8)
\end{array}
$$

如：3&5 并不等于 8,应该是 3 和 5 对应的二进制位进行与运算：

$$
\begin{array}{r}
00000011 \quad (3) \\
\& \quad 00000101 \quad (5) \\
\hline
00000001 \quad (1)
\end{array}
$$

4. 数据在计算机内部的存储形式

在计算机系统中,任何数值事实上都是采用"补码"进行存储表示的。要想弄清楚数值的补码表示,需要借助原码和反码两个概念。

所谓原码是指一个数据的带有符号位的真值表示,而数据的真值就是该数绝对值的二进制表示。例如：

$$+3 \text{ 的原码是}(00000011)_2$$

$$-3 \text{ 的原码是}(10000011)_2$$

所谓反码是指将数据的原码除符号位之外,其他各位按位取反。即 0 变 1,1 变 0。但是,对于负数,反码的数值是将其原码数值按位求反而得到的;而对于正数,其反码和原码相同。例如：

$$+3 \text{ 的反码是}(00000011)_2$$

$$-3 \text{ 的反码是}(11111100)_2$$

所谓补码是指在反码的基础上加 1。但是,对于负数,补码的数值是将其反码数值进行加 1 操作得到;而对于正数,其补码也和原码相同。例如：

$$+3 \text{ 的补码是}(00000011)_2$$

$$-3 \text{ 的补码是}(11111101)_2$$

2.2.4 算法

1. 定义

编写程序是由若干个步骤来完成的,用来解决实际问题的一般步骤被称为算法。

2. 描述方法

算法的描述方法有很多。如自然语言描述、伪代码、传统流程图以及 N-S 结构图等。

（1）用伪代码的形式表示算法。

伪代码是让人便于理解的代码。例如：求 1~100 自然数之和,分析设计该题的算法。伪代码的表示如下：

```
step 1: sum = 0 和 i = 1
step 2: sum = sum + i
step 3: i = i + 1
step 4: if i <= 100 then
```

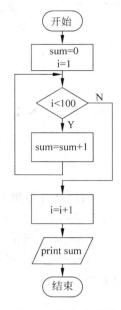

图 2-1   程序流程图

```
        goto step 2
    else
        output sum
```

如上伪代码中用到的单词大家都比较熟悉，能够见名知意。

（2）用传统流程图的形式表示算法。

所谓流程图，就是通过一些图形和流程线来描述问题的解答过程和思路。例如，用流程图表示 1～100 自然数之和的算法如程序流程图 2-1 所示。

3. 算法特性

（1）有穷性：算法必须在有限的时间内结束。

（2）确定性：算法中每一步都必须有确切的含义，不能出现二义性。

（3）可行性：算法必须是有效可行的。

（4）有零个或多个输入：描述一个算法时，可以不需要输入任何数据，也可以需要输入多个数据。

（5）有一个或多个输出：描述一个算法时，至少要有一个输出。

2.3   应 用 案 例

2.3.1   案例一：甲流死亡率

1. 需求陈述

甲流并不可怕，在中国，它的死亡率并不是很高。请根据截至 2009 年 12 月 22 日各省报告的甲流确诊数和死亡数，计算甲流在各省的死亡率。

2. 需求分析

根据各省报告的甲流确诊数和死亡数，作为输入数据输入程序，程序对接收到的数据进行运算处理计算出死亡率。

| 定义两个变量：a＝20，b＝2 |
| 计算出死亡率：c＝100.0 * b/a |
| 输出计算的值：c＝10.000% |

图 2-2   计算甲流死亡率 N-S 图

3. 设计

计算甲流死亡率，先设定两个整型变量，分别表示确诊数和死亡人数，接收键盘输入之后计算出死亡百分比，输出以百分数形式，保留小数点后三位。采用顺序结构程序设计方法，其功能实现过程如 N-S 图 2-2 所示。

4. 编码实现

```c
#include<stdio.h>
int main()
{
int a,b;                          //定义确诊人数和死亡人数
double c;
```

```
  scanf("%d%d",&a,&b);
  c = 100.0 * b/a;                                    //计算死亡率
  printf("%.3lf%%\n",c);                              //百分比形式输出
  return 0;
}
```

5. 测试

测试目的——计算某省份的甲流死亡率,得到三位小数的百分数。

输入数据——输入 20 和 2 两个数据。

预期结果——10.000%。

程序运行结果如图 2-3 所示。

图 2-3　计算甲流死亡率运行结果

2.3.2　案例二：计算邮资

1. 需求陈述

用户输入邮件的重量,以及是否加快来计算邮资。计算规则,重量在 1 克以内(包括 1 克),基本费 0.8 元。超过 1 克的部分,按照 0.5 元/克的比例加收超重费。如果用户选择加快,多收 2 元。

2. 需求分析

根据用户邮件的重量以及是否需要加快,计算出共需要的邮资。重量为 1 克作为临界值,基本邮费为 0.8 元,超出 1 克的部分,按 0.5 元/克加邮费;如果需要加快的话多收 2 元。

3. 设计

首先要分析重量是否超出 1 克。重量在 1 克以内(包括 1 克),基本费 0.8 元;超过 1 克的部分,按照 0.5 元/克的比例加收超重费。再分析是否加快邮递,如果要加快需另外加收 2 元。定义三个变量,分别表示重量、是否加快和邮费,接收键盘输入数据,采用 if 语句根据重量计算邮费,采用 if 语句根据是否需要加快计算邮费,最后输出邮资。采用选择结构程序设计方法,其功能实现过程如 N-S 图 2-4 所示。

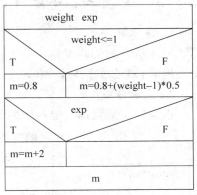

图 2-4　计算邮资 N-S 图

4. 编码实现

```
int main()
{
```

```
double weight,m;
char exp;                              //定义变量表示是否加快
scanf(" % lf",&weight);
scanf(" % c",&exp);
if(weight <= 1)                        //判断是否超重
    m = 0.8;
else
    m = 0.3 + weight * 0.5;
if(exp == 'y')                         //判断是否加快
    m = m + 2;
printf(" % .1lf\n",m);
return 0;
}
```

5. 测试

测试目的——计算邮资。

输入数据——输入 5 和 N 两个数据。

预期结果——2.8。

程序运行结果如图 2-5 所示。

图 2-5　计算邮资运行结果

2.3.3　案例三：小球弹跳运动

1. 需求陈述

一球从 h 米的高度自由落下,每次落地后又反跳回原高度的一半,再落下。求它在第 n 次落地时,共经过多少米,第 n 次反弹多高。

2. 需求分析

本案例需要根据设定的球的高度和落地的次数,来计算球经过的米数和最后一次反弹的高度。

图 2-6　弹跳运动过程

3. 设计

定义变量 h、n、s,分别用于表示初次下落的高度、反弹次数和经过的路程。s 初始值为 h,表示第一次下落经过的路程为 h,采用循环计算第 n(n>1)次反弹时经过的路程和反弹的高度,两次落地间经过的路程为前次反弹的高度,累加到 s 中,并计算反弹的高度。该案例采用循环结构程序设计,其实现过程如 N-S 图 2-6 所示。

4. 编码实现

```c
#include<stdio.h>
int main()
{
double i,h,s;
int n;
printf("请输入小球下落的高度：");
scanf("%lf",&h);                        //输入球第一次下落的高度
printf("请输入小球弹跳的次数：");
scanf("%d",&n);                         //输入球反弹的次数
s = h;
for(i = 1;i < n;i++)
{
s = s + h;
h = h/2;
}
printf("经过的路程为%lf\n",s);
printf("反弹的高度为%lf\n",h/2);
return 0;
}
```

5. 测试

测试目的——计算球落地经过的米数和最后一次弹起的高度。

输入数据——输入 10 米和 2 次两个数据。

预期结果——20.000000,2.500000。

程序运行结果如图 2-7 所示。

图 2-7　球落地运行结果

2.4　实　验　小　结

本次实训包含三个小题目，分别涵盖了 C 语言中的顺序、选择和循环三种结构，因此通过本次练习，希望读者能够掌握以下 4 点：

（1）C 语言程序的基本组成——结构化程序设计。

（2）C 语言中顺序结构程序设计方法。

（3）C 语言中选择结构程序设计方法。

（4）C 语言中循环结构程序设计方法。

2.5 本章小结

通过本章的学习实验,我们了解计算机的工作过程及基本组成,理解数制之间的相互转换过程,数制的计算及存储形式,掌握算法的描述方法,能对基本的 C 语言程序有一个初步的认识。通过本节实验,能理解一个 C 语言程序的几种基本结构,深入理解计算机执行程序的过程。

第 3 章

实验二：编程初步

3.1 目的和要求

（1）掌握和了解 C 语言程序最基本的结构。

（2）掌握和巩固编程语言中算法的运用。

（3）常量和变量的定义和区别。

（4）熟练掌握标识符的区分和运算符的优先等级。

3.2 知识回顾

3.2.1 常量的分类

整型常量中整型数据主要分为八进制整数、十进制整数和十六进制整数。

实型常量中根据表达形式有小数形式和指数形式。

字符型常量中字符型数据分为普通字符和转义字符。

字符串常量中字符串数据是由一对双引号括起来的一组字符序列。

3.2.2 常用的运算符

C 语言一个最大的特点就是运算符丰富。经常用到的运算符有：算术运算符、关系运算符、逻辑运算符、条件运算符、赋值运算符、逗号运算符、自增与自减运算符。在 C 语言中任何运算符构成的表达式都能计算出一定的数值。

（1）算术运算符主要用来进行一定数值的计算。其包括 5 种：加（＋）、减（－）、乘（＊）、除（/）、求余（％）。算术运算符的优先级是先乘、除和求余，再计算加、减。

（2）关系运算符主要用来判断数据之间的大小决定程序的执行顺序。其包括 6 种：大于（＞）、大于等于（＞＝）、小于（＜）、小于等于（＜＝）、双等（＝＝）、不等（！＝）。关系运算符的优先级是先大于、大于等于、小于、小于等于，再双等、不等。

（3）逻辑运算符和关系运算符一样，主要用来判断数据之间的逻辑关系（真假值）决定程序的执行顺序，其包括与（＆＆）、或（‖）、非（！）三种。逻辑运算符的运算规则如表 3-1 所示。

三个逻辑运算符的优先级各不相同，"先非再与后或"，即为逻辑非"!"的优先级最高，逻辑与 ＆＆ 其次，最后是逻辑或 ‖。

（4）条件运算符是由一个问号"?"和一个冒号"："组成的一对运算符。

表 3-1　运算规则

a	b	!a	!b	a&&b	a‖b
非零值	非零值	0	0	1	1
非零值	零值	0	1	0	1
零值	非零值	1	0	0	1
零值	零值	1	1	0	0

（5）赋值运算符其主要作用是计算出表达式的值并赋给一个变量，最常用的赋值运算符主要包括等于（＝）、加等（＋＝）、减等（－＝）、乘等（＊＝）、除等（/＝）、取余等（％＝）6 种。

（6）逗号运算符（,）是 C 语言提供的一种特殊运算符，其主要作用是连接多个表达式。

逗号表达式的一般形式是：

表达式 1,表达式 2,…,表达式 n

如：“a＝2,a＋3,b＝3,a＋b”、“5,3＋2,5＞1,1＆＆0”都是合法的逗号表达式。

（7）自增、自减运算符是 C 语言中最常用的单目运算符，其作用就是对一个变量的值做加 1 或减 1 操作。其包含两种：自增（＋＋）、自减（－－）。

3.2.3　运算符之间的优先级

自增、自减运算符是 C 语言中最常用的单目运算符，其作用就是对一个变量的值做加 1 或减 1 操作。其包含两种：自增（＋＋）、自减（－－）。

（1）单目运算符比双目运算符优先级高，如自增（＋＋）、自减（－－）、非（!）优先级非常高。

（2）在所学习的双目运算符中，优先级由高到低的顺序如下：

! ＞算术运算符＞关系运算符＞＆＆,‖＞条件运算符＞赋值运算符＞逗号运算符　　　　→

高　　　　　　　　　　　　　　　　　　　　　　　　　　　　　　　　　　　低

3.3　应用案例——运算符的应用

1. 需求陈述

掌握并熟练运用算术运算,转义字符,关系运算,条件运算,逻辑运算,逗号运算,自增、自减运算。

2. 需求分析

先定义 5 个整型变量 a、b、c、d、e,给 a 和 b 赋初值,c、d 和 e 的值由 a、b 根据不同的运算所构成表达式的值来决定,并将相应的值输出。

3. 设计

给 a 和 b 两个变量初始化,变量 a、b 的初值分别为－24 和 10。

算术运算符训练。使用算术运算符中的“＋”和“/”构成两个表达式,并赋值给 c、d 两个变量,输出 c、d 两变量的值。

转义字符训练。练习\t \r \n 的具体用处,通过 printf() 输出其结果。

关系运算符训练。使用关系运算符大于(＞)、小于(＜)、不等(!＝)，将结果赋值给 e，并且输出 e 变量的值。

逻辑运算符训练。通过使用逻辑运算符与(＆＆)、或(‖)、非(!)，将结果直接用 printf() 输出。

条件运算符训练。定义字符型变量 f，内容为大写字母 Q，通过条件运算符转换，将小写字母 q 显示出来。

逗号运算符训练。将 a、b、c 三个变量重新赋值为 1、2、3，通过逗号运算符练习，显示(a,b,c)、b、c 的值，最后一个表达式的值就是整个逗号表达式的值。

自增自减运算符训练。区分＋＋a、a＋＋的不同点，与变量 b 相乘，结果放在变量 c 中，将这三个变量重新显示，学习体会自增、自减运算。

详细设计过程如图 3-1 所示。

| 算术运算练习 |
| 转义字符练习 |
| 关系运算练习 |
| 逻辑运算练习 |
| 条件运算练习 |
| 逗号运算练习 |
| 自增、自减运算练习 |

图 3-1　运算符应用 N-S 图

4. 编码实现

```
#include < stdio. h>
int main()
{int a,b,c,d,e;
 char f = 'Q';
 a = − 24;
 b = 10;
 c = a + b;d = a/b;
 printf("算术运算练习:\n");
 printf("a + b = % d,a/b = % d\n",c,d);
 printf("转义字符使用:\n");
 printf("abcef\tde\rf\tg\n");
 printf("关系运算练习:\n");
 e = c > a + b;
 printf("c > a + b: % d\n",e);
 e = a < b!= c;
 printf("a < b!= c: % d\n",e);
 printf("逻辑运算练习:\n");
 printf("!a = % d\n",!a);
 printf("5 > 3&&2 ‖ 8 < 4 − !0 = % d\n",5 > 3&&2 ‖ 8 < 4 − !0);
 printf("条件运算练习:\n");
 printf("f = % c,小写字母是 % c\n",f,(f >= 'A'&&f <= 'Z')?f + 32:f);
 printf("逗号运算练习:\n");
 a = 1,b = 2,c = 3;
 printf(" % d, % d, % d\n",(a,b,c),b,c);
 printf("自增、自减运算练习:\n");
 c = (++a) * b;
 printf("(++a) * b = % d\n",c);
 c = (a++) * b;
```

```
printf("(a++)*b = %d\n",c);
printf("a = %d,b = %d,c = %d\n",a,b,c);
return 0;
}
```

5. 测试

测试目的——得到 7 种运算符结果。

输入数据——本案例原需求需要零个输入。

预期结果——如图 3-2 所示。

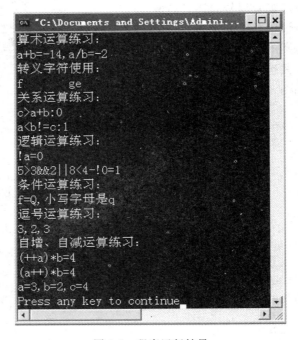

图 3-2　程序运行结果

6. 案例应用提高

接收键盘输入两个整数值分别赋给变量 a 和 b,进而根据变量 a 和 b 构成的 7 种运算符运算。

修改源码:

```
#include < stdio.h >
int main()
{ int a,b,c,d,e;
 char f = 'q';
 printf("请输入 a b 值: \n");
 scanf("%d%d",&a,&b);
 c = a + b;d = a/b;
 printf("算术运算练习: \n");
 printf("a + b = %d,a/b = %d\n",c,d);
 printf("转义字符使用: \n");
```

```c
printf("abcef\bde\\fg\n");
printf("关系运算练习: \n");
e = c > a + b;
printf("c > a + b: %d\n", e);
e = a < b! = c;
printf("a < b! = c: %d\n", e);
printf("逻辑运算练习: \n");
printf("!a = %d\n", !a);
printf("a = %d, b = %d, c = %d, d = %d, e = %d\n", a, b, c, d, e);
printf("(a > b)&&(c > d) = %d\n", (a > b)&&(c > d));
printf("条件运算练习: \n");
printf("f = %c, 大写字母是 %c\n", f, (f > = 'a'&&f < = 'z')?f - 32:f);
printf("逗号运算练习: \n");
printf("a = %d, b = %d, c = %d, d = %d, e = %d\n", a, b, c, d, e);
printf("%d, %d, %d\n", (a, b, c), b, c);
printf("自增、自减运算练习: \n");
c = (++a) * b;
printf("(++a) * b = %d\n", c);
c = (a++) * b;
printf("(a++) * b = %d\n", c);
printf("a = %d, b = %d, c = %d\n", a, b, c);
return 0;
}
```

程序运行结果如图 3-3 所示。

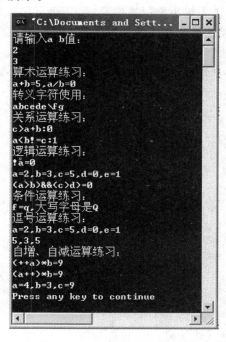

图 3-3　测试输出结果

第
3
章

实验二：编程初步

3.4　实　验　小　结

通过对该实训案例的学习,希望读者能够掌握以下三点:

(1) 常量和变量的区别和定义。

(2) 关系运算符和逻辑运算符执行的优先顺序。

(3) 自增和自减运算符的作用和使用时需要注意的一些事项。

3.5　编　程　提　高

(1) 编写相应程序计算表达式"a＝2,b＝a＊3＋2,a＋＋,b＋3,a－b＆＆a＋b,(a＋＝2)＋(b＋＝2)"的值,其中,a、b 为两个变量。

(2) 编写相应程序计算表达式"－－m＆＆n＋＋‖m＋n＞m－n"其中,m、n 为两个变量,其初值分别为 0 和 1。

3.6　本　章　小　结

通过本章的案例学习,理解常量是指在程序运行过程中,数据的值永不能被改变的量。常量又分为整型常量、实型常量、字符常量、字符串常量 4 类。掌握常用的运算符有:算术运算符、关系运算符、逻辑运算符、条件运算符、赋值运算符、逗号运算符、自增与自减运算符。

在使用各种操作符时,优先级决定运算的顺序,从而直接影响表达式的结果,记住各运算符的优先级是准确计算表达式的必要条件。同时在自增自减操作中,无论是自增(＋＋)、还是自减(－－)都蕴含着赋值操作,因此,参加运算的运算对象只能是变量,不能是常量或表达式。自增、自减运算符是使变量在原来值的基础上做增 1 或减 1 操作,所以,该运算符要求操作的变量必须有初值。

第4章 | 实验三：基本数据类型变量

4.1 目的和要求

(1) 掌握三种基本数据类型的定义。
(2) 掌握标识符的表示及命名。
(3) 掌握变量的定义及应用。

4.2 知识回顾

4.2.1 数据类型

1. 整型

C 语言中用符号 int 表示整型。在 VC++ 环境中，一个 int 型数据需分配 4 个字节的存储空间。

2. 实型

又称作浮点型，分为单精度浮点型和双精度浮点型，在 C 语言中分别用 float 和 double 符号表示。

3. 字符型

在 C 语言中用符号 char 表示字符型。一个字符型数据只需 1 个字节的存储空间。

4.2.2 变量

1. 标识符

用来标识变量、数组、函数等数据的有效字符序列称为标识符。标识符分为两类：一类称为用户标识符，另外一类称为关键字。

例如：

year、Day、ATOK、x1、_ CWS、_change_to 都是合法的标识符。

♯123、.COM、$100、1996Y、1_2_3、Win3.2 都是不合法的标识符。

2. 认识变量

C 程序中，主要是围绕着对内存不停地存数和取数操作。完成这一操作，需要借助于变量。若程序中定义了一个变量，其变量名为 i，则计算机会为变量 i 分配一定字节数的内存空间，通过赋值语句"i＝5;"将数值 5 存放在变量 i 所占的内存空间中。

3. 定义变量

定义变量的一般格式：数据类型　变量名列表；

如：int i,j;　表示定义了两个整型变量 i,j,分别为 i,j 分配了 4 个字节的内存空间用来存放整型数据。

4. 变量的初始化

所谓变量的初始化是指在定义变量的同时进行赋值的操作。

如：float　f=2.5;　表示定义了一个实型变量,并将数值 2.5 存入 f 占用的内存空间。int i=2,j=3;表示定义了两个整型变量,并将 2 存入 i 占用的内存空间,3 存入 j 占用的内存空间。

4.3　应用案例——各基本数据类型数据的输入输出

1. 需求陈述

实现字符型数据、基本整型数据、单精度实型数和双精度实型数的输入和输出。

2. 需求分析

接收键盘输入的 4 种基本类型(字符型、基本整型、单精度实型和双精度实型)数据,并按照相应格式输出。

读入一个字符型数据,一个整型数据,一个单精度浮点数,一个双精度浮点数,然后按顺序输出它们,并且要求在它们之间用一个空格分隔。

3. 设计

通过定义 4 个不同基本数据类型的变量,通过键盘给该 4 个变量赋值,然后按照相应格式完成数据的输出。

通过 4 条输入语句接收键盘输入,第一行接收一个字符,第二行接收一个整数,第三行是一个单精度浮点数,第四行是一个双精度浮点数。分别按照 c 格式、d 格式、f 格式和 lf 格式输出字符、整数、单精度浮点数和双精度浮点数,之间用空格分隔。如 N-S 图 4-1 所示。

定义 4 种基本类型变量 a,b,c,d
接收键盘输入：a　10　11.2　11.23456
输出：a　10　11.200000　11.23456

图 4-1　实现算法

4. 编码实现

```
#include<stdio.h>
int main()
{
 char a;
 int b;
 float c;
 double d;
 scan("%c",&a);                                    //输入字符型
```

```
    scanf(" %d",&b);                            //输入整型
    scanf(" %f",&c);                            //输入实型
    scanf(" %lf",&d);                           //输入双精度实型
    printf(" %c",a);                            //输出字符型
    printf(" %d",b);                            //输出整型
    printf(" %f",c);                            //输出实型
    printf(" %lf",d);                           //输出双精度实型
    return 0;
}
```

5. 测试

1）预期测试方案

测试目的——测试 4 种数据的输入输出情况。

输入数据——合法的 4 种数据的输入。

预期结果——按预期结果输出。

程序运行结果如图 4-2 所示。

图 4-2   预期运行结果

2）非预期测试方案

测试目的——非法数据输入，错误输出结果。

输入数据——字符变量输入整型数据，整型变量输入字符，实型变量输入字符。

预期结果——错误输出结果。

程序运行结果如图 4-3 所示。

图 4-3   运行结果

结果分析：当字符型变量输入整型数据时，将该数据作为 ASCII 码，输出其对应的字符；当整型变量输入字符型时，输出始终为 0；当实型变量输入为字符型时，输出为乱码。

4.4   实 验 小 结

通过对该实训案例的学习，希望读者能够掌握以下三点：

（1）4 种不同类型的数据的定义方法。

实验三：基本数据类型变量

（2）不同类型数据输入输出要用不同的关键字。

（3）注意输出空格的形式。

4.5　编　程　提　高

（1）编写程序,定义字符变量并从键盘输入字符数据(0～9),要求将其转换为数值数据输出。

（2）假设美元与人民币的汇率是 1 美元兑换 6.209 元人民币,编写程序输入人民币的金额,输出能兑换的美元金额。

4.6　本　章　小　结

通过本章学习,掌握几种基本数据类型的表示及用法,理解变量的定义及使用方法,掌握标识符的使用规则,掌握变量的初始化。通过本次实验,能理解各种数据类型的基本用法,学会在不同的情况下使用不同的数据类型。

实验四：基本输入输出语句

5.1 目的和要求

（1）掌握标准输出函数 printf 的调用形式。

（2）掌握 printf 函数中常用的格式说明。

（3）掌握简单的输出格式设计。

（4）掌握标准输入函数 scanf 的调用格式。

（5）掌握 scanf 函数中常用的格式说明。

（6）掌握使用 scanf 函数进行数据输入的方法。

5.2 知 识 回 顾

5.2.1 printf() 函数的一般调用形式

printf()函数是 C 语言提供的标准输出函数，用来在标准输出终端设备上按指定格式进行输出。在函数调用后加";"构成输出语句。

例如：

```
printf("a = % d, b = % d",a,b);
```

以上输出语句中，printf 是函数名，用双引号括起来的字符串部分是输出格式控制，决定了输出数据的内容和格式。a,b 为输出项，是 printf 函数的实参。

输出语句输出结果：

```
printf(" % s\n","Hello!");                    //Hello!
printf(" % 10s\n","Hello!");                  //＃＃＃＃Hello!
printf(" % 10.3s\n","Hello!");                //＃＃＃＃＃＃＃Hel
printf(" % c\n",'A');                         //A
printf(" % 5c\n",'A');                        //＃＃＃＃A
```

（1）给输出项提供输出格式说明：将要输出的数据按照指定的格式说明。

（2）提供需要原样输出的文字或字符：除了格式转换说明外，字符串中的其他字符将按原样输出。

5.2.2 printf() 函数中常用的格式说明

（1）格式字符及其功能。

（2）长度修饰符：在%和格式字符之间，可以加入长度修饰符，以保证数据输出格式的正确和对齐。

例如：假如有如下定义：

```
float f = 12345.678;
double d = 12345.6789056789;
long double ld = 12345.6789056789e600;
```

通过实验验证以下的 printf 与相应的运行结果：
输出语句输出结果：

```
printf("%f\n",f);                    //12345.677734
printf("%f\n",d);                    //12345.678906
printf("%10.2f\n",f);                //12345.68
printf("%e\n",d);                    //1.234568e + 004
```

（3）输出数据所占的宽度说明，输出数据带"＋,－"号。

5.2.3　scanf() 函数的一般调用格式

scanf 函数的一般调用形式如下：

scanf(格式控制,输入项 1,输入项 2, …)

例如：若 k 为 int 型变量,a 为 float 型变量,y 为 double 型变量,可通过以下函数调用语句进行输入：

scanf("%d%f%lf",&k,&a,&y);

5.2.4　scanf() 函数中常用的格式说明

每个格式说明都必须用%开头,以一个"格式字符"作为结束。

在格式串中,必须含有与输入项一一对应的格式转换说明符。

在 scanf 函数的格式字符前可以加入一个正整数指定输入数据所占的宽度,但不可以对实数指定小数位的宽度。

由于输入是一个字符流,scanf 从字符流中按照格式控制指定的格式解析出相应数据,送到指定地址的变量中。

scanf 函数有返回值,其值就是本次 scanf 调用正确输入的数据项的个数。

5.2.5　通过 scanf() 函数从键盘输入数据

（1）输入数值数据。

若要给 k 赋值 10,a 赋值 12.3,y 赋值 1234567.89,输入格式可以是(输入的每一个数据之前可有任意空格)：10 12.3 1234567.89 ＜CR＞。

此处＜CR＞表示回车键。也可以表示为：

```
10 < CR >
12.3 < CR >
1234567.89 < CR >
```

（2）指定输入数据所占的宽度，可以在格式字符前加入一个正整数指定输入数据所占的宽度。

例：

```
scanf("%3d%5f%5lf",&k,&a,&y);
```

（3）跳过某个输入数据，可以在%和格式字符之间加入"*"号，作用是跳过对应的输入数据。

（4）在格式字符控制串中插入其他字符。

例如：

```
#include "stdio.h"
  main()
  {int a,b,c;
  getchar();
  scanf("%d%d%d",&a,&b,&c);
  printf("%d,%d,%d\n",a,b,c);}
```

5.2.6　其他输入输出格式

（1）使用 putchar()函数——输出单个字符：

```
#include "stdio.h"
main()
{
char a,b,c;
a = 'A';
b = 'B';
c = 'C';
clrscr();
putchar(a);putchar(b);putchar(c);putchar('\n');
putchar(a);putchar('\n');putchar(b);putchar('\n');putchar(c);
}
```

（2）使用 getchar()函数——输入单个字符：

```
#include "stdio.h"
main()
{
char c;
c = getchar();
putchar(c);
putchar('\n');
}
```

5.3　应用案例——日期数据处理

1. 需求陈述

日期数据中包含年、月、日三部分数据。用户输入时可能以 12/02/2003 格式输入，也可能以 12-02-2003 格式输入，还有可能以 12：2：2003 格式输入，都要求能够从输入数据中读取有效数据。

2. 需求分析

假设读入的日期数据格式为 12-2-2003 或 12/02/2003，该数据格式中的年、月、日三个数据需要保存到相应的变量，但是连接年、月、日数据的连接符需要被丢弃。

当用户以 12-02-2003 形式输入日期数据时，该数据中的每一个数值（年、月、日）需要被读入对应的变量 year、month、date 内存单元中，为了去掉不需要的将年、月、日数据分开的连接符，直接方法是将这些字符包含在 scanf 的格式控制串中。

例如将语句写成：scanf("%d-%d-%d",&date,&month,&year)；这条语句可以去掉以 12-2-2003 形式读入数据中的连字符，但是当用户输入如下格式的日期数据：：12/2/2003 或 12：2：2003 时，该语句不仅不能去掉不需要的字符（/或：），还会造成数据错误（只能正确得到 date 数据）。如果在输入格式字符串中使用 scanf 函数提供的 *c 格式。将语句写成：scanf("%d%*c%d%*c%d",&date,&month,&year)；就能够从输入数据中读取有效数据并丢弃任何 %*c 所指定的数据（不将其赋给某个变量）。

3. 设计

定义三个基本整型变量 month、day、year，用于存放日期中月、日和年份数据，通过 scanf 语句输入日期数据，并取得相应数值，分别赋值给 day、month、year 三个变量，然后通过 printf 语句输出日月年。详细设计过程如图 5-1 所示。

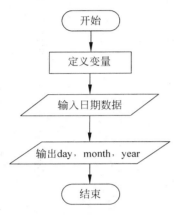

图 5-1　程序流程图

4. 编码实现

```c
#include<stdio.h>
main()
{
  int month,day,year;
  printf("Enter a date in the form d-m-y: ");
  scanf("%d%*c%d%*c%d",&month,&day,&year);
  printf("month=%d,day=%d,year=%d\n",month,day,year);
}
```

5. 测试

1）预期测试方案

测试目的——得到一个预期的日期数据。

输入数据——08：02：2015 或者 06-02-2015

预期结果——month=8,day=2,year=2015

程序运行结果如图 5-2 所示。

2）非预期测试方案

测试目的——得到一个错误的日期数据。

输入数据——08　　02　--2015

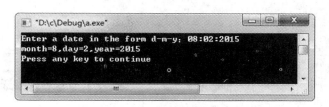

图 5-2　预期程序运行结果

预期结果——不能输出正确结果。

程序运行结果如图 5-3 所示。

图 5-3　非预期程序运行结果

5.4　实　验　小　结

通过对该实训案例的学习,希望读者能够掌握以下两点:

(1) printf( )函数和 scanf( )函数的使用。

(2) 输入与输出函数格式控制符的使用。

5.5　编　程　提　高

(1) 编写程序,通过键盘输入两个乘数,给小学生出一道乘法运算题,并输出正确的答案。提示:①提示输入两个乘数:乘数 1 和乘数 2;②接收键盘输入的两个乘数;③以"乘数 1 * 乘数 2＝"的形式显示乘法题;④输出正确的答案。

(2) 从键盘输入学生姓名、年龄、性别、成绩,并在屏幕上显示。要求程序的输出形式如下:

Please input name、age、sex、score:

唐一哲 19 男 89.5

Name　　age　sex　score

唐一哲　19　　男　　89.5

5.6　本　章　小　结

通过本章的案例学习,读者要明白格式字符的个数必须与输入项的个数相同,数据类型必须一一对应,非格式字符要原封不动地输入。输入实型数据时,可以不带小数点,即按整型数据输入,数值型数据与字符或字符串混合输入时,需要注意输入方式。指定输出格式,由格式字符串和非格式字符串两种组成,非格式字符串照原样输出。

第6章 实验五：条件判断语句

6.1 目的和要求

（1）理解选择结构，在特定的条件下来判断执行哪些语句。

（2）掌握和运用 if 语句以及 if-else 语句。

（3）深刻理解多分支结构并且掌握在 switch 语句中使用 break。

6.2 知 识 回 顾

6.2.1 简单分支语句

（1）单分支 if 语句是根据给定的判定条件决定是否执行某项操作。

其一般格式如下：

```
if(表达式)
    语句 1
```

执行过程是：计算表达式的值，如果表达式的值为真（即非零值），则执行语句 1；如果表达式的值为假（即零值），则不执行语句 1。

（2）双重分支 if-else 语句是在两个操作中根据给定判断条件的真假值有选择地执行某项操作。其一般格式是：

```
if(表达式)
    语句 1
else
    语句 2
```

执行过程是：计算表达式的值，如果表达式的值为真（即非零值），则执行语句 1，跳过语句 2；否则，跳过语句 1，执行语句 2。

6.2.2 多分支结构

多分支结构是在多种判断条件下，利用条件相互之间的关系，从多项操作中选择执行某项操作。其一般格式如下：

```
if(表达式 1)
    语句 1
```

```
else if(表达式 2)
    语句 2
…
else if(表达式 m)
    语句 m
else
    语句 n
```

其执行过程是：从表达式 1 开始依次计算各表达式的值，当出现某个表达式的值是非零值时（即真值），则执行其对应的内嵌语句后结束整个 if 语句的执行。如：

```
if(x > y)
    printf(" % d",x);
else if(y > z)
    printf(" % d",y);
else
    printf(" % d",z);
```

程序表示如果 x 大于 y,则输出 x;如果 x 不大于 y 并且 y 大于 z,则输出 y;如果 x 不大于 y 并且 y 不大于 z,则输出 z。

6.2.3 switch 语句

（1）switch 结构也是多分支结构中的一种，为了增强程序的可读性，在实际应用过程中占据着不可忽视的地位。其一般格式如下：

```
switch(表达式)
{
    case 常量表达式 1: 语句 1;
    case 常量表达式 2: 语句 2;
        …
    case 常量表达式 n: 语句 n;
    default:           语句 n + 1;
}
```

执行过程是：首先计算 switch 后面括号内表达式的值；然后和 case 后面的常量表达式 1、常量表达式 2、…、常量表达式 n 的值依次比较，如果与常量表达式 i 相等，则依次执行语句 i、语句 i+1、…、语句 n、语句 n+1,否则直接执行 default 后面的语句 n+1。

（2）在 switch 中使用 break。从 switch 语句的执行过程知道，此时的 switch 语句并没有实现多分支结构的功能。而要想实现这一功能，则需要在每一个 case 分支的内嵌语句后加上 break 跳转语句结束 switch 语句的执行。如：

```
switch(a)
{
    case 1: printf("A"); break;
    case 2: printf("B"); break;
```

```
        default: printf("＊");
    }
```

该程序段表示如果 a 的值是 1,则输出"A";如果 a 的值是 2,则输出"B";如果 a 的值是除了 1 和 2 之外的其他整数,则输出"＊"。

6.3　应用案例——体形判断

1. 需求陈述

根据体重和身高信息判断体形特征。对于体形的判断,先接收输入体重和身高的信息,则根据相应的算法得出体形,并根据相应的体形提出对应的建议。

2. 需求分析

根据体重和身高信息分析判断体形特征。被测人可以输入自己的体重、身高,计算参数 z＝体重 t/(身高 s ＊ 身高 s),当参数 z＜18 时判为体重偏低;当 18≤z＜25 时判为正常体重,请注意保持;当 25≤z＜27 时判为超重体重,适当运动对您有帮助;当 27≤z 时判为属于肥胖型体重,请注意减肥。

3. 设计

定义单精度型变量 t、s、z,显示提示文字:"判断您是否属于肥胖体形:"、"请输入您的体重:(kg)",等待用户输入,将用户输入的体重存入变量 t 中,再次显示提示文字"请输入您的身高:(m)",等待用户输入,将用户输入的身高存入变量 s 中,进行公式计算,体重 t/(身高 s ＊ 身高 s),将结果存入计算参数 z 中,进入 if 语句判断,判断当 z＜18,显示"您的体重为存入 t 中的千克数,体重偏低";否则,判断是否满足 z＞＝18＆＆z＜25,若满足,显示"您的体重为存入 t 中的千克数,正常体重,请注意保持";否则,判断是否满足 z＞＝25＆＆z＜27 条件,若满足则显示"您的体重为存入 t 中的千克数,超重体重,适当运动对您有帮助";若不满足则显示"您的体重为存入 t 中的千克数,您属于肥胖型体重,为了您的健康,请注意减肥"。详细设计过程如图 6-1 所示。

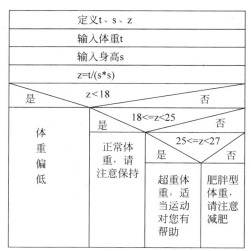

图 6-1　详细设计 N-S 图

4. 编码实现

```c
#include < stdio.h>
int main()
{
    float t,s,z;
    printf("判断您是否属于肥胖体形：\n");
    printf("请输入您的体重：(kg)");
    scanf("%f",&t);
    printf("请输入您的身高：(m)");
    scanf("%f",&s);
    z = t/(s*s);
    if (z<18)
      printf("您的体重为%f千克\t体重偏低\n",t);
    else if(z>=18&&z<25)
      printf("您的体重为%f千克\t正常体重,请注意保持\n",t);
    else if(z>=25&&z<27)
      printf("您的体重为%f千克\t超重体重,适当运动对您有帮助\n",t);
    else
      printf("您的体重为%f千克\t,您属于肥胖型体重,为了您的健康,请注意减肥\n",t);
}
```

5. 测试

测试目的——根据输入体重和身高判为何种体形，并根据相应的体形提出对应的建议。

输入数据——接收键盘输入，体重 60kg，身高 1.65m。

预期结果——正常体重，请注意保持。

程序运行结果如图 6-2 所示。

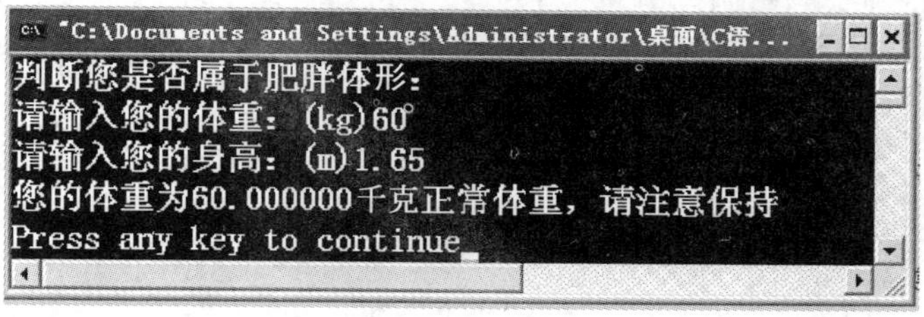

图 6-2　程序运行结果

6. 案例应用提高

下面用其他方法求解体重超标问题。

国际上常用的人的体重计算公式，以及身材比例计算（比较适合东方人）

$$标准体重＝（身高 cm－100）×0.9（kg）$$

$$标准体重（女）＝（身高 cm－100）×0.9（kg）－2.5（kg）$$

正常体重：标准体重正负 10％以内。

超重：大于标准体重 10％小于标准体重 20％。

轻度肥胖：大于标准体重 20％小于标准体重 30％。

中度肥胖：大于标准体重 30％小于标准体重 50％。

重度肥胖：大于标准体重 50％以上。

输入数据：修改设计及源码，接收键盘输入性别男、体重 70kg、身高 165cm。

修改源码：

```
//体形判断
#include < stdio. h>
int main()
{
    float t,s,z;
    int i;
    printf("判断您是否属于肥胖体形：\n");
    printf("请输入您的性别：(男 = 1,女 = 2)\n");
    scanf(" % d",&i);
    printf("请输入您的体重：(kg)");
    scanf(" % f",&t);
    printf("请输入您的身高：(cm)");
    scanf(" % f",&s);
    if (i == 1)
        z = (s - 100) * 0.9;
    else
        z = (s - 100) * 0.9 - 2.5;
    if ((z * 0.9)<= t&&t <= (z * 1.1))
      printf("您的体重为 % f 千克\t 正常体重\n",t);
    else if((z * 1.1)< t&&t <= (z * 1.2))
        printf("您的体重为 % f 千克\t 超重\n",t);
    else if((z * 1.2)< t&&t <= (z * 1.3))
        printf("您的体重为 % f 千克\t 轻度肥胖\n",t);
    else if((z * 1.3)< t&&t <= (z * 1.5))
        printf("您的体重为 % f 千克\t 中度肥胖\n",t);
    else
        printf("您的体重为 % f 千克\t 重度肥胖\n",t);
}
```

程序运行结果如图 6-3 所示。

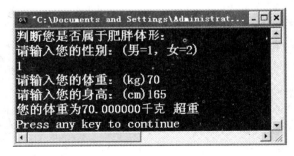

图 6-3   测试输出结果

6.4 实 验 小 结

通过对该实训案例的学习,希望读者能够掌握以下三点:

(1) 结构化程序设计的三种基本结构。

(2) 单分支 if 语句和多分支 if 语句的运用。

(3) 在选择结构中,无论是单分支 if 语句还是双重分支 if-else 语句,其内嵌语句可以是其他的 if 语句或 if-else 语句。

(4) 表达式判断条件规范。

6.5 编 程 提 高

(1) 利用条件运算符的嵌套来完成此题:学习成绩≥90 分的同学用 A 表示,60～89 分的用 B 表示,60 分以下的用 C 表示。

(2) 企业发放的奖金根据利润提成。利润(I)低于或等于 10 万元时,奖金可提 10%;利润高于 10 万元,低于 20 万元时,低于 10 万元的部分按 10% 提成,高于 10 万元的部分,可提成 7.5%;20 万元到 40 万元之间时,高于 20 万元的部分,可提成 5%;40 万元到 60 万元之间时高于 40 万元的部分,可提成 3%;60 万元到 100 万元之间时,高于 60 万元的部分,可提成 1.5%,高于 100 万元时,超过 100 万元的部分按 1% 提成,从键盘输入当月利润 I,求应发放奖金总数。提示:请利用数轴来分界,定位。注意定义时需把奖金定义成长整型。

6.6 本 章 小 结

通过本章的案例学习,理解程序中使用两个相对独立的 if 语句事实上存在着一定的关系,即如果第一个 if 语句的表达式为真,则第二个 if 语句的表达式一定为假,不用再进行判断。因此可以使用多重分支选择结构 if-else 语句来实现。在实际应用中,如果用多个连续的单分支 if 语句或双重分支 if-else 语句实现,程序执行时会造成判断浪费,以致降低程序的执行效率。针对这一问题,可以通过使用 C 语言中的多分支 else-if 语句来解决。为了使程序更加简洁易读,选择语句中对多分支 else-if 语句进行了变形,提供了另外一种用于多分支选择的 switch 语句。

在本章节中分别讲解了选择结构中单分支 if 语句,双重分支 if-else 语句、多分支 else-if 语句、以及 switch 语句的用法。需要熟练掌握它们的用法,多通过分析问题找出适合的选择结构去解决问题。

第 7 章 实验六：循环控制

7.1 目的和要求

（1）掌握 while 语句的定义及使用；
（2）掌握 for 语句的定义与使用方法；
（3）掌握循环的嵌套使用；
（4）理解 break 和 continue 语句的使用。

7.2 知识点回顾

7.2.1 while 语句

while 语句是条件循环中的一种，当我们不知道语句的重复次数，而只知道循环条件或者循环结束条件时，采用 while 语句是最合适的。

1. 语法格式

```
while(条件表达式)
{
 语句体;
}
后续语句;
```

2. 与 do-while 语句的区别

条件循环中，除了 while 循环之外，还有一种就是 do-while 结构，两者的区别就是，当循环条件不成立时，while 循环，循环体一次也不执行，而 do-while 结构则至少执行一次循环体。

7.2.2 for 语句

1. 语法格式

```
for(表达式 1; 表达式 2; 表达式 3)
{
语句体;
}
后续语句;
```

2. for 语句与 while 语句的对应关系

形式一：

```
for(表达式 1; 表达式 2; 表达式 3)
{
循环体语句;
}
```

对应的 while 循环为：

```
表达式 1;
while(表达式 2)
{
循环体语句;
表达式 3;
}
```

两者的功能是完全相同的,那么,解决实际问题时采用哪一种结构,主要看我们对两种结构的掌握程度,或者由我们自己的喜好来决定。除此之外,针对不同的实际问题,采用哪种循环结构,得到的算法优越性是不同的。

形式二：

```
for(表达式 1; ; 表达式 3)
{
循环体语句;
}
```

或者：

```
表达式 1;
for(; ; 表达式 3)
{
循环体语句;
}
```

或者：

```
表达式 1;
for(; ; )
{
循环体语句;
表达式 3;
}
```

对应的 while 循环一样：

```
表达式 1;
while(1)
{
循环体语句;
```

```
表达式 3;
}
```

当 for 循环的表达式 2 省略时,表示循环条件永远成立,也即,该 for 循环是一个无限循环。但在实际应用中,这样的无限循环是不允许的。必须在循环体语句里添加 break 语句,用来强制退出 for 循环,以满足算法特性的要求。

7.2.3 循环的嵌套

语法格式:

```
for(表达式 1; 表达式 2; 表达式 3)                // for1
{
语句体 1;
for(表达式 1; 表达式 2; 表达式 3)                //for2
{
 语句体 2;
 }
 后续语句 2;
 …
 for(表达式 1; 表达式 2; 表达式 3)               //for3
{
 语句体 3;
 }
 后续语句 3;
}
后续语句 1;
```

上面 for 循环的嵌套执行过程是:当外层 for1 成立时,首先执行语句体 1,然后执行 for2,当 for2 执行结束时,才顺序执行 for3,只有当 for3 执行结束,并且执行完后续语句 3 时,才去计算 for1 的表达式 3,接着判断 for1 的表达式 2 是否成立,直到 for1 不成立为止。

7.2.4 break 语句

定义格式:

```
for(表达式 1; 表达式 2; 表达式 3)
{
 语句体 1;
 if(条件表达式)
    break;
    语句体 2;
}
后续语句;
```

for 循环条件满足时,首先执行循环体的语句体 1 部分,然后顺序执行 if 结构,当 if 条件成立时,执行 break 语句,此时,程序跳过语句体 2,直接去执行循环结构的后续语句。当 if 条件不成立时,执行完语句体 1,接着执行语句体 2,然后计算表达式 3,和以往的 for 语句执行过程相同。

如下面代码的执行结果是：1 2 3，本来for循环要执行5次的，由于break的存在，就提前结束循环了。

```
for(i = 1;i < = 5;i++)
{ if(i>3)
    break;
    printf(" % d ",i);
}
后续语句;
```

7.2.5 continue 语句

语法格式：

```
for(表达式1; 表达式2; 表达式3)
{
 语句体1;
 if(条件表达式)
    continue;
    语句体2;
}
后续语句;
```

因为continue是循环体语句中的一部分，首先，判断循环条件，循环条件成立时，执行语句体1，然后判断if条件，当if条件成立时，则执行continue语句，此时，语句体2不被执行，这一点和break语句是相同的，但接下来，程序的走向就不同了，break是执行后续语句，而continue语句则是，去计算表达式3，接着判断表达式2是否成立，也就是说，continue语句只是提前结束了本次循环。

如下面程序段的输出结果是：3 4 5，也就是说，当i=1,i=2时,if语句都成立了,此时跳过语句 printf("%d   ",i);继续执行 i++，直到 i=3,i=4,i=5。

```
for(i = 1;i < = 5;i++)
{if(i<3)
    continue;
    printf(" % d ",i);
}
```

7.3 应 用 案 例

7.3.1 案例一：求兔子数量

1. 需求陈述

已知一对兔子每一个月可以生一对小兔子，而一对兔子出生后第二个月就开始生小兔子。假如兔子都不死，问每个月的兔子对数为多少。

2. 需求分析

从第一对兔子开始，第 3 个月起每个月都生一对兔子，求每个月兔子的对数。

3. 设计

第一个月，刚放进第一对大兔，具有生育能力的。第二个月，这对兔子生了一对小兔，于是这个月共有 2 对（1+1=2）兔子。第三个月，第一对兔子又生了一对兔子，第二对兔子还没有生育能力，因此共有 3 对（1+2=3）兔子。到第四个月，第一对兔子又生了一对小兔而在第二个月出生的小兔也生下了一对小兔。所以，这个月共有 5 对（2+3=5）兔子。到第五个月，第一对兔子以及第二个月和第三个月两个月生下的兔子也都各生下了一对小兔。因此，这个月连原先的 5 对兔子共有 8 对（3+5=8）兔子。以此类推，可以看出相邻三个月的兔子对数的关系是 f(n+2)=f(n+1)+f(n)，即典型的 Fibonacci 数列，如图 7-1 所示。

具体实现算法如 N-S 图 7-2 所示。

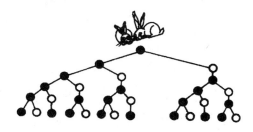

f1=f2=1;
i=1;i<=month/2;i++
输出f1,f2
f1=f1+f2
f2=f1+f2

图 7-1 兔子数量分析　　　　　　图 7-2 求兔子数量

4. 编码实现

```c
#include < stdio.h>
main()
{
long f1,f2;
int i,month;
f1 = f2 = 1;
printf("请输入要求的月份: ");
scanf(" % d",&month);
for(i=1;i <= month/2;i++)
{
  printf(" %12ld %12ld",f1,f2);
  if(i%2==0) printf("\n");     /* 控制输出,每行 4 个 */
  f1 = f1 + f2;                /* 前两个月加起来赋值给第三个月 */
  f2 = f1 + f2;                /* 前两个月加起来赋值给第三个月 */
}
}
```

5. 测试

测试目的——求出 40 个月兔子的对数。

输入数据——40。

预期结果——每行输出 4 个月份的兔子对数。程序运行结果如图 7-3 所示。

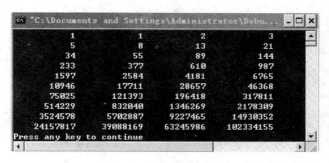

图 7-3　程序运行结果

7.3.2　案例二：百钱百鸡

1. 需求陈述

中国古代数学家张丘建在他的《算经》中提出了著名的"百钱百鸡问题"：鸡翁一，值钱五；鸡母一，值钱三；鸡雏三，值钱一；百钱买百鸡，翁、母、雏各几何？

2. 案例分析

一百钱买一百只鸡，根据一百钱最多买某一种鸡的数量，从而计算出买剩下两种鸡的数量。

3. 设计

根据需求陈述可以建立数学模型，假设要买 x 只公鸡，y 只母鸡，z 只小鸡，可得到如下方程：

$$\begin{cases} 5x + 3y + z/3 = 100 \\ x + y + z = 100 \end{cases}$$

x 的取值范围是 0～20，y 的取值范围是 0～33，z＝100－x－y。当 x、y、z 各取一值后，还要验证是否符合总钱数的限制条件 100＝5x＋3y＋(100－x－y)/3。

从程序设计的角度解决该问题方案如下。定义变量 gj、mj、xj，分别表示公鸡、母鸡和雏鸡的只数，一百钱如果只买公鸡最多买 20 只，如果买母鸡最多买 33 只，通过嵌套的双重循环来实现，具体实现过程如 N-S 图 7-4 所示。

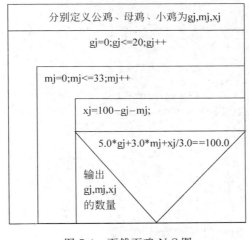

图 7-4　百钱百鸡 N-S 图

4．编码实现

```c
#include < stdio. h >
int main()
{
    int gj,mj,xj;
    printf(" % 8s % 8s % 8s\n","gj","mj","xj");
    for(gj = 0;gj < = 20;gj++)        //公鸡最多有 20 只
      for(mj = 0;mj < = 33;mj++)      //母鸡最多有 33 只
        {
          xj = 100 - gj - mj;        //剩下的都是小鸡
          if(5.0 * gj + 3.0 * mj + xj/3.0 == 100.0)
              printf(" % 8d % 8d % 8d\n",gj,mj,xj);
        }
    return 0;
}
```

5．测试

测试目的——输出 100 钱可以买到的公鸡、母鸡和小鸡的只数。

输入数据——无输入数据。

预期结果——共存在 4 种可能的情况，程序运行结果如图 7-5 所示。

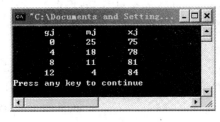

图 7-5　程序运行结果

6．案例应用提高

改变循环结构的形式——用当型循环取代 for 循环实现本程序功能。

修改源码如下。程序运行结果与 for 循环结构运行的结果相同。

```c
#include < stdio. h >
int main()
{
    int gj = 0,mj,xj;
    printf(" % 8s % 8s % 8s\n","gj","mj","xj");
    while(gj < = 20)
    {
        mj = 0;
        while(mj < = 33)
        {
            xj = 100 - gj - mj;
            if(5.0 * gj + 3.0 * mj + xj/3.0 == 100.0)
                printf(" % 8d % 8d % 8d\n",gj,mj,xj);
            mj++ ;
        }
        gj++ ;
    }

}
```

程序运行结果与 for 语句构成的循环相同。

7.4 实 验 小 结

本次实验内容均为循环结构的使用,循环结构在 C 语言编程中是一种重要的结构形式,采用循环结构可以大大节省编程语句的数量,给程序员带来方便快捷,也让读者能一目了然程序的功能目的。

7.5 编 程 提 高

1. 有一堆零件(100～200 个),如果以 4 个零件为一组进行分组,则多 2 个零件;如果以 7 个零件为一组进行分组,则多 3 个零件;如果以 9 个零件为一组进行分组,则多 5 个零件。编程求解这堆零件的总数。

2. 两个乒乓球队进行比赛,各出 3 人。甲队为 A,B,C 三人,乙队为 X,Y,Z 三人,已抽签决定比赛名单。有人向队员打听比赛的名单,A 说他不和 X 比,C 说他不和 X,Z 比,请编程找出 3 对赛手的名单。

7.6 本 章 小 结

本章主要介绍了循环结构的几种常用语句,如 for 语句、while 语句以及嵌套的循环语句等,在熟记其使用格式的基础上,能灵活运用相关语句解决实际中遇到的不同问题。本次实验主要练习了双重 for 循环以及 for 语句与 while 语句之间的转换,希望大家通过本次练习,能够熟练掌握 for 循环和 while 循环的使用方法。

实验七：函数

8.1　目的和要求

（1）掌握函数的定义和函数的调用方法。
（2）掌握参数传递方式。
（3）掌握函数递归调用的方式、方法和含义。
（4）掌握函数实参与形参的对应关系，变量的存储类型和使用方法。

8.2　知识回顾

8.2.1　函数与 main 主函数的关系

（1）一个 C 源程序文件可以包含多个函数，但是有且只有一个 main 主函数。
（2）函数之间可以相互调用，但是 main 主函数例外，只能由系统调用。
（3）任何 C 语言程序的执行都是从 main 函数开始，调用其他函数提供的服务，然后再回到 main 函数，在 main 主函数中结束整个程序，即 main 函数是唯一的入口和出口。

8.2.2　函数的分类

（1）从用户的角度分类：main 主函数、库函数和用户自定义函数。
（2）从功能分类：带返回值函数、无返回值函数。
（3）从函数的形式分类：带参数函数、无参数函数。

8.2.3　必须遵循的约定

使用用户自定义函数，必须先定义、后使用；如果先使用，后定义，需要在使用前声明。

8.2.4　函数的定义方法

函数返回值类型　函数名(形式参数列表)
{
变量定义说明部分;
执行语句部分;
}

如：

```
void swap(int a, int b)
{
  int tem;
  tem = a;
  a = b;
  b = tem;
}
```

8.2.5 函数的参数

（1）在函数调用时，主调函数中出现的参数称为实参，被调用函数中出现的参数称为形参。

（2）实参和形参间实现数据传递。在函数调用时，主调函数把实参的值传递给被调用函数的形参。

（3）实参和形参在数量、类型和顺序上应一一对应。如果实参和形参的数据类型不一致，在调用时自动按形参类型转换。

（4）函数调用时参数的传递是单向的，只能是实参的值传递给形参，不能把形参的值传递给实参。

（5）根据实参值的类型不同，参数传递分为按值传递和按址传递。如果形参类型为指针类型，属于按址传递。

8.2.6 函数的返回值

（1）函数返回值是通过 return 语句实现的。语句格式：return 表达式；或 return（表达式）；

（2）return 语句中返回值的类型应与函数定义时类型一致，如果不一致以函数类型为准，调用时自动进行类型转换。

8.2.7 函数的声明

1. 两种方式

类型说明符　被调用函数名(类型形参1,类型形参2,…)；

如：int sub(int a,int b)；

类型说明符　被调用函数名(类型,类型,…)；

如：int sub(int,int)；

2. 可以省略函数声明的三种情况

- 被调用函数的返回值是整型或字符型。
- 被调用函数的定义出现在主调函数之前。
- 在所有函数定义之前，在文件的开始处预先说明了各个函数的类型。

8.2.8 函数的调用形式

（1）带返回值的函数调用：变量＝被调用函数名([实参列表])；如：su＝sum(1,100)；

（2）无返回值的函数调用：被调用函数名（[实参列表]）；如：max(x,y);

8.2.9 变量的作用域和生存期

不同类型的变量的作用域和生存期涉及问题如表 8-1 所示。

表 8-1 变量的作用域和生存期

存储类别	局部变量			外部变量	
	auto	register	局部 static	外部 static	外部
存储方式	动态			静态	
存储区	动态区	寄存器		静态存储区	
生存期	函数调用开始至结束			程序整个运行期间	
作用域	定义变量的函数或复合语句内			本文件	其他文件
赋初值	每次函数调用时			编译时赋初值，只赋一次	
未赋初值	不确定			自动赋初值 0 或空字符	

8.3 应 用 案 例

1. 需求陈述

现有 5 个人，通过了解情况求解第 5 个人的年龄。第 5 个人说比第 4 个人大 2 岁，第 4 个人说比第 3 个人大 2 岁，第 3 个人说比第 2 个人大 2 岁，第 2 个人说比第 1 个人大 2 岁，第一个人说自己 10 岁。

2. 需求分析

当前 5 个人第 1 个人的年龄是已知的 10 岁，第 2 个人比他大 2 岁其年龄为 12(10+2) 岁，以此类推其他 3 人的年龄分别为 14(10+2+2) 岁、16(10+2+2+2) 岁和 18(10+2+2+2+2) 岁。具体分析过程如图 8-1 所示。

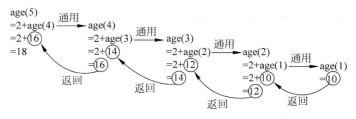

图 8-1 递归分析

3. 设计

根据分析过程可知，该问题可以采用递归算法来求解。要想得知第 5 个人的年龄，需要先求第 4 个人的年龄，然后需要求第 3 个人、第 2 个人，直至求得第 1 个人的年龄为 10 岁；再回归到第 2 个人、第 3 个人、第 4 个人，最终求得第 5 个人的年龄。详细设计过程如图 8-2 所示。

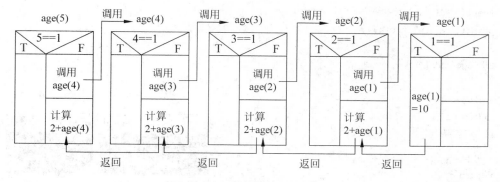

图 8-2 详细设计 N-S 图

4. 编码实现

```
#include<stdio.h>
void main()
{
int age(int n);                        //函数原型声明
printf("%d\n",age(5));                 //在输出语句中完成子函数的调用
}
int age(int n)                         //子函数定义
{
int c;
if(n==1)
 c=10;
else
 c=age(n-1)+2;
return c;
}
```

程序运行结果如图 8-3 所示。

5. 测试

测试目的——得到第 5 个人的年龄。

输入数据——本案例原需求需要零个输入。

预期结果——18。

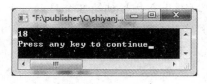

图 8-3 程序运行结果

6. 案例应用提高

接收键盘输入的队伍中(序列中)要求的某个人的位序,求其年龄。如要求第 10 个人的年龄。修改设计及源码,当程序执行时输入数据 10,程序运行并输出其年龄。

修改源码:

```
#include<stdio.h>
void main()
{
int age(int n);
int a;
```

```
scanf(" % d",&a);
printf(" % d\n",age(a));
}
int age( int n)
{
int c;
if(n==1)
    c=10;
else
    c=age(n-1)+2;
return c;
}
```

预期结果——28 如图 8-4 所示。

图 8-4 测试输出结果

8.4 实 验 小 结

通过对该实训案例的学习,希望读者能够掌握以下 4 点:

(1) 子函数 age()的定义方法。

(2) main 主函数中对子函数的声明和调用方法。

(3) 什么是函数递归调用及递归调用过程?

(4) 函数实参与形参的对应关系及参数传递过程是什么样的?

8.5 编 程 提 高

1. 输入一个字符串,统计字符串中字母、数字、空格和其他字符的个数。

要求:字符串存放在大小为 100 的数组中,调用子函数完成统计。

2. 用递归方法编程求宠物的总数。有一对宠物,从出生后第 3 个月起每个月都生一对宠物,小宠物长到第 3 个月后每个月又生一对宠物。如果宠物都能健康成长,问:第 20 个月宠物总数为多少?(提示:宠物的规律为数列 1,1,2,3,5,8,13,…)

8.6 本 章 小 结

通过本章的案例学习,如果函数的返回值不是基本类型或字符型,并且函数的定义在main()主调函数之后,需要对子函数进行原型声明,函数的声明应在主调函数的定义语句部分。

在使用函数时应该先定义后使用,使用的函数如果是库函数,则需要使用文件包含命令,把相应的头文件包含进来。如果是用户自定义函数,则需要分情况对函数进行声明。在定义函数时,必须指定形参的类型,并且调用函数时实参与形参类型应一一对应。函数调用时,实参必须有确定的值。函数通过 return 语句返回函数值,有且只有一个返回值,返回值以定义函数指定的类型为准。

第9章

实验八：数组

9.1 目的和要求

（1）理解数组是由相同数据类型的若干变量组成的有序集合。
（2）掌握一维数组和多维数组的定义。
（3）掌握对数组进行初始化的两种方法。
（4）掌握在数组运用中的冒泡排序法和选择排序法。

9.2 知 识 回 顾

9.2.1 一维数组

1. 一维数组的定义

在程序中需要使用数组存放数据,先清楚数组的定义形式。最简单的数组类型是一维数组,所谓一维数组是指仅用一个下标编号就可以确定出指定数组元素的数组。使用数组一次可以定义出多个相同类型的变量,定义数组必须清楚地说明需要变量的类型和数量,故一维数组的定义形式如下:

数据类型　数组名[整型常量表达式],……;

比如,需要存放 10 个整数,则定义一个包含 10 个数组元素的整型数组,定义语句可以写成:

int a[10];

表示定义了一个数组长度为 10 的整型数组 a,相当于定义了 10 个整型变量,系统会根据数据类型和数组长度为数组 a 分配一定的内存单元用来存放数据,如图 9-1 所示。

2. 一维数组的初始化

为了避免无值变量参与运算而引发程序运行异常,一般要在定义数组的同时,给数组中的每个数组元素进行赋值操作,也称为对数组的初始化。

对数组初始化时,可以将数组元素的初值依次放在一对花括号内且用逗号进行分隔,如以下定义形式:

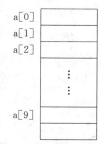

图 9-1 内存分配

```
char c[3] = {'A','B','C'};
float f[2] = {1.5,2.5};
```

其中,大括号内的数值类型必须与所定义数组的数据类型一致。

3. 数组元素的引用

在 C 语言中是不能对数组整体进行存取操作的,只能通过引用数组中的数组元素来完成对数组的数据存取,引用数组元素的形式如下:

数组名[下标]

为了引用指定的数组元素,在数组名后加上一个用方括号括起来的整数值,称为数组下标。如 a[0]:表示数组 a 的第一个数组元素;a[1]表示数组 a 的第二个数组元素。

9.2.2 二维数组

1. 二维数组的定义

要想使用二维数组,必须先对二维数组进行定义。二维数组的定义形式如下:

数据类型 数组名[整型常量表达式 1][整型常量表达式 2],……;

例如:定义 5 行 5 列的二维整型数组,则定义语句是:

```
int magic[5][5];
```

该语句定义了一个 5×5(5 行 5 列)的二维数组 a,内存中为数组 magic 开辟了能存放 25 个整数的内存空间。

2. 二维数组的初始化

二维数组的初始化要比一维数组初始化复杂,可以通过嵌套一维数组初始化的方法进行二维数组的初始化。一般分为以下两种形式:

(1) 分行给二维数组元素赋初值,例如:

```
int a[2][3] = {{1,2,3},{4,5,6}};
```

初始值通过花括号进行分组,将第一个花括号内的三个数据分别赋给数组第一行的各数组元素;将第二个花括号内的三个数据分别赋给数组第二行的各数组元素。

(2) 将所有数据写在一个花括号内,按数组排列的顺序对各数组元素赋初值,这种方式也是最常用的使用方式。例如:

```
int a[2][3] = {1,2,3,4,5,6};
```

3. 二维数组的引用

二维数组也可以通过下标来完成对数组元素的引用。对二维数组引用的下标与对一维数组引用的下标用法要求基本相同,二维数组的引用形式为:

数组名[行下标][列下标]

9.2.3 数组元素作函数的实参

数组元素作为函数实参与用变量作函数实参一样,都是在函数调用时,发生单向值传递,也就是把作为实参的数组元素的值传送给形参。

9.3　应用案例——小朋友报数游戏

1. 需求陈述

幼儿园小朋友排队做游戏,有9位小朋友,站成3排3列,老师要求小朋友们先按照"行顺序"排队依次报数,后按"列顺序"排队依次报数,如图9-2所示。

1	2	3		1	4	7
4	5	6	=>	2	5	8
7	8	9		3	6	9

图 9-2　小朋友排队报数游戏示意图

2. 需求分析

根据需求陈述对问题的描述,可以把该问题转换为数学模型——行列式转化,把行转成列,把列转成行。该程序需要实现行列转换的功能。

3. 设计

由需求陈述和需求分析知,小朋友所报的数,可以理解为数组中的数据,先定义三个整型变量 i、j、t,再定义一个 3×3 的二维数组 a[3][3]。观察图 9-2,a[0][0]、a[1][1]、a[2][2]元素没有发生变化,变化主要是 a[0][1]与 a[1][0]、a[0][2]与 a[2][0]、a[1][2]与a[2][1]实现互换,即行与列的互换,对数组行列元素互换时只要将上三角中的元素与下三角的元素互换即可,而不是将所有行列对应的元素全部互换。

注意:

(1) 程序是如何表示上三角元素的。

(2) 两个变量在互换时,要用到一个临时变量,注意互换使用的三条语句。

(3) 对数组中的元素全部引用一遍时看程序如何实现。

详细设计过程如 N-S 图 9-3 所示。定义整型变量 i、j、t,数组 a[3][3],显示提示文字"Array a:",进入 for 循环语句,按行排列依次显示数组内数据,三个数据一行,总共三行,退出循环体,显示一个回车;然后再次进入第二个双层循环,将 a[0][1]与 a[1][0]、a[0][2]与 a[2][0]、a[1][2]与 a[2][1]实现互换,然后退出循环体;进入第三个双层循环,再依次显示数组中的各个元素,三个数据一行,总共三行。

4. 编码实现

```c
#include<stdio.h>
main()
{
    int i,j,t;
    static int a[3][3]={1,2,3,4,5,6,7,8,9};
    printf("Array a:\n");
    for(i=0;i<3;i++)
    {
```

```
    for(j = 0;j < 3;j++)
        printf(" % 3d",a[i][j]);
    printf("\n");
    }
printf("\n");
for(i = 0;i < 3;i++)
    for(j = i + 1;j < 3;j++)
    {
    t = a[i][j];
    a[i][j] = a[j][i];
    a[j][i] = t;
    }
for(i = 0;i < 3;i++)
{
for(j = 0;j < 3;j++)
    printf(" % 3d",a[i][j]);
printf("\n");
}
}
```

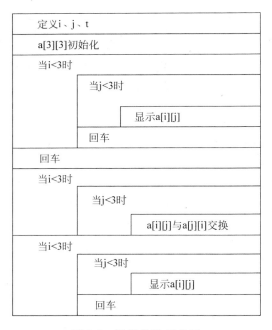

图 9-3　详细设计 N-S 图

5. 测试

测试目的——先按照行排列依次输出,经过转换处理后,按照行排列依次输出产生原来按照列依次输出的效果。

输入数据——不需要输入数据。

预期结果——视觉上产生行列互换效果,程序运行结果如图 9-4 所示。

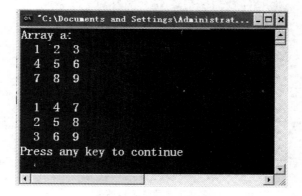

图 9-4　程序运行结果

6. 案例应用提高

将人数变化为 16 人,定义 4 行 4 列二维数组,实现行列互换功能。

修改源码:

```c
#include< stdio. h>
main()
{
int i,j,t;
static int a[4][4] = {1,2,3,4,5,6,7,8,9,10,11,12,13,14,15,16};
printf("Array a:\n");
for(i = 0;i < 4;i++)
{
  for(j = 0;j < 4;j++)
    printf(" % 3d",a[i][j]);
  printf("\n");
}
printf("\n");
for(i = 0;i < 4;i++)
  for(j = i + 1;j < 4;j++)
  {
  t = a[i][j];
  a[i][j] = a[j][i];
  a[j][i] = t;
   }
  for(i = 0;i < 4;i++)
  {
   for(j = 0;j < 4;j++)
     printf(" % 3d",a[i][j]);
   printf("\n");
   }
}
```

程序运行结果如图 9-5 所示。

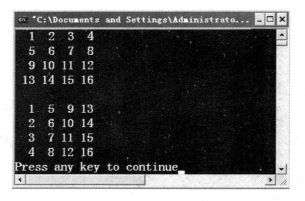

图 9-5　程序运行结果

9.4　实　验　小　结

通过对该实训案例的学习,希望读者能够掌握以下几点:

(1) 什么是数组以及数组的作用。

(2) 一维数组和二维数组的定义与初始化。

(3) 在数组引用的过程中应当注意下标可以是整型常量或整型表达式,也可以是具有一定值的整型变量,并且在定义数组时方括号内数组长度和在引用时方括号内下标之间的区别。

(4) 可以在赋值语句中通过赋值运算符"="对字符数组整体赋值。

(5) 数组同变量一样,必须先定义后引用。

(6) 数组下标范围为 0～N－1(N 为数组长度),注意防止数组下标越界。

9.5　编　程　提　高

(1) 编写函数,对具有 10 个整数的数组进行如下操作:从下标为 n 的元素开始直到最后一个元素,依次向前移动一个位置。输出移动后的结果。

(2) 在一个二维数组中求最大值所在的行、列值。(思路:先将数组中的第一个数当作最大的数放到一个变量中,然后我们将数组中的数全部访问一次,依次和表示最大值的变量比较,如果发现这个数组元素比这个变量大,就记下它的值和它所在行、列值)

9.6　本　章　小　结

通过本章的案例学习,在 C 语言编程过程中掌握一种简单的构造数据类型——数组。通过数组应用,不仅可以用非常短的语句定义出多个变量,并且可以利用循环结构来处理这些变量,为编写代码提供了方便。

用数组元素作实参时,只要数组的类型和函数形参的类型一致即可,数组元素作为实参与对应的形参变量在内存中是两个不同的内存单元。在函数调用时发生单向值传送,即把数组元素的值赋给形参变量。

第 10 章

实验九：指针

10.1 目的和要求

（1）理解指针、地址和数组间的关系。

（2）掌握通过指针操作数组元素的方法。

（3）掌握数组名作为函数参数的编程方式。

（4）掌握通过指针操作字符串的方法。

（5）了解掌握使用断点调试程序的方法。

10.2 知 识 回 顾

1. 指针变量的定义

定义指针变量的一般形式如下：

类型名 * 指针变量名 1, * 指针变量名 2,……；

如：int * pi, * pj；　pi 和 pj 都是用户标识符，在每个变量前的星号 * 是一个说明符，用来说明该变量是指针变量。

2. 元素与元素地址的表示方法

元素：a[i]、*(a+i)、p[i]、*(p+i)

元素地址：&a[i]、a+i、&p[i]、p+i

3. 地址值的获取

（1）通过求址运算符（&）获得地址值；

（2）通过指针变量获得地址值；

（3）通过标准函数获得地址值。

4. 对指针变量的操作

（1）通过指针来引用一个存储单元：如 *p= *p+1,当 *p 出现在赋值号左边时，代表的是指针所指的存储单元；当 *p 出现在赋值号右边时，代表的是指针所指的存储单元的内容。

（2）移动指针：所谓移动指针就是对指针变量加上或减去一个整数，或通过赋值运算，使指针变量指向相邻的存储单元。

5. 函数之间地址值的传递

（1）形参为指针变量时实参和形参之间的数据传递：若函数的形参为指针类型，调用该函数时，对应的实参必须是基类型相同的地址值或者是已指向某个存储单元的指针变量。

（2）通过传送地址值在被调用函数中直接改变调用函数中的变量的值。指针作为函数的参数，传递的是实参变量的地址。形参变量本身改变，反过来不会影响实参指针值。

6. 函数的返回值

（1）函数返回值是通过 return 语句实现的。语句格式：return 表达式；或 return（表达式）。

（2）return 语句中返回值的类型应与函数定义时类型一致，如果不一致以函数类型为准，调用时自动进行类型转换。

（3）函数值的类型不仅可以是简单的数据类型，而且可以是指针类型。

7. 一维数组和指针

一维数组和数组元素的地址：C 语言中，在函数体中或在函数外部定义的数组名可以认为是一个存放地址值的指针变量名，其中的地址值是数组第一个元素的地址，也就是数组所占一串连续存储单元的起始地址，定义数组时的类型即是此指针变量的基类型。

8. 引用一维数组元素的方法

（1）通过数组的首地址引用数组元素。

（2）通过指针引用一维数组元素。

（3）用带下标的指针变量引用一维数组元素。

9. 二维数组和指针

引用二维数组元素的方法：

（1）通过地址引用二维数组元素。

（2）通过建立一个指针数组引用二维数组元素。

（3）通过建立一个行指针引用二维数组元素。

10.3　应用案例——查找

1. 需求陈述

输入 10 个整数存入数组 a，再输入一个整数 x，在数组 a 中查找 x，若找到则输出相应的下标，否则显示"Not found"。要求定义和调用函数 search(int list[]，int n，int x)，在数组 list 中查找元素 x，若找到则返回相应的下标，否则返回 -1，参数 n 代表数组 list 中元素的数量。

2. 需求分析

根据需求陈述，可知该程序具有的功能有以下 4 点：

（1）数组定义；

（2）接收键盘数据实现数组创建；

（3）查找子函数实现查找功能；

（4）查找结果的输出。

3. 设计

根据需求陈述和分析，可知定义数组 a[10]，使用循环结构完成键盘数据的接收，实现数组的创建；定义子函数 search(int list[]，int n，int x)，三个形参分别用来接收主函数的三个实参，分别为数组的首地址、数组大小、要查找的数值，在 search(int list[]，int n，int x)函数体中使用循环结构实现数组元素和 x 值的大小比较，如果找到返回数组元素下标，如果找不到返回−1；在 main()函数中使用 if 语句根据 search(int list[],int n,int x)函数返回值
来完成查找结果的信息输出。详细设计过程如程序流程图 10-1 和图 10-2 所示。

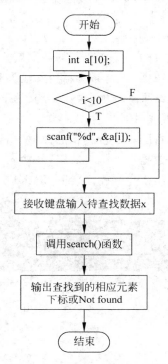

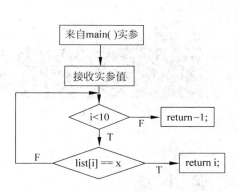

图 10-1　search()程序流程图　　　　图 10-2　main()程序流程图

4. 编码实现

```c
#include < stdio. h >
int search(int list[], int n, int x)
{
    int i;
    for(i = 0; i < n; i++){
        if(list[i] == x) {
            return i;}
    }
    return − 1;
}
int main(void)
{
    int a[10], i, x;
    for(i = 0; i < 10; i++){
        scanf(" % d", &a[i]);
    }
    scanf(" % d", &x);
    i = search(a, 10, x);
    if(i >= 0)
        printf("x is at % d\n", i);
    else
```

第
10
章

实验九：指针

```
    printf("Not found\n");
}
```

5．测试

1）测试用例 1

测试目的——待查找的数据属于数组元素数据，能够查找到。

输入数据——构建数组，并输入其中一个数组元素值，作为待查找数据。

测试结果——输出数组元素的下标，程序执行结果如图 10-3 所示。

2）测试用例 2

测试目的——待查找的数据不属于数组元素数据，不能够查找到。

输入数据——构建数组，并输入一个非数组元素值，作为待查找数据。

测试结果——输出"Not found"，程序执行结果如图 10-4 所示。

图 10-3　查找到元素值

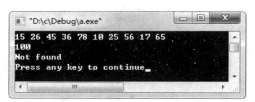

图 10-4　没能查找到元素值

10.4　实　验　小　结

通过对该实训案例的学习，希望读者能够掌握以下 5 点：

（1）指针、地址和数组间的关系。

（2）通过指针操作数组元素的方法。

（3）数组名作为函数参数的编程方式。

（4）通过指针操作字符串的方法。

（5）使用断点调试程序的方法。

10.5　编　程　提　高

（1）请编写函数，其功能是对传送过来的两个浮点数求出和值与差值，并通过形参传送回调用函数。

（2）请编写函数，对传送过来的三个数选出最大数和最小数，并通过形参传送回调用函数。

10.6　本　章　小　结

通过本章的学习，总结为以下几点：

（1）通常在主调函数中定义指针数组指向多个字符串。

（2）函数 func(char ** s,int n)或函数 func(char * s[],int n)传递多个字符串首地址。

（3）一般都是整串操作，循环一般使用字符串个数进行控制，如：for(i＝0;i＜n;i＋＋){s[i]……}字符串操作函数：strlen()、strcpy()、strcmp()。

（4）返回指针值的函数：char * func(char * s,char ch)。

（5）切记：返回的是地址，在主调函数中应使用指针类型变量接收函数返回值。

第11章 实验十：字符串

11.1　目的和要求

（1）掌握字符串的定义和引用。

（2）掌握指针指向字符串和字符串数组的定义和引用。

（3）字符串的输入和输出方式。

（4）学会使用用于字符串处理的函数。

11.2　知识回顾

11.2.1　字符串的定义

（1）C 语言中,字符串是借助于字符型一维数组来存取的。比如用 a[10]存放字符串"store"。

（2）为了测实际字符串长度 C 语言规定了一个字符串结束标志\0。

（3）'A'占一个内存单元,"A"占两个内存单元。因为字符串隐含了一个空字符。

11.2.2　字符串的引用

（1）C 语言中字符串常量给出的是地址值,不可以给字符串常量赋值。

（2）用给一般数组赋初值的方式给一维字符数组赋初值。

char str[10] = {'s','t','r','i','n','g','!','\0'};

（3）在赋初值时直接赋字符串常量。char str[10] = { "string!"}；char str[10] = "string!";char str[] = "string!";注意：存储单元大小≥字符串长度＋1。

（4）不能用赋值语句给字符数组整体赋一串字符。

char　mark[10];

mark = "C Program";

以上赋值形式是不允许的,因为字符串常量给出的是地址值,而数组名 mark 是一个地址常量,不能被重新赋值。

（5）给数组元素逐个赋字符值,最后人为加入串结束标志。

11.2.3 使指针指向一个字符串

1. 通过赋初值的方式使指针指向一个字符串

char * ps1＝"from one"；注意：是把存放字符串常量的无名存储区的首地址赋给指针变量 ps1，是 ps1 指向字符串的第一个字符 f。

2. 通过赋值运算使指针指向一个字符串

char str[] = "from one", * ps2;

ps2 = str;

3. 用字符数组存放字符串和用指针指向的字符串之间的区别

char   mark[] = "PROGRAM";

char * pmark = "PROGRAM";

虽然字符串的内容相同，但它们内存空间的存储分配是不同的，系统会给指向字符串的指针变量分配额外的存储空间，用于存放字符串首地址，而数组名则不需要，如图 11-1 所示。

图 11-1　内存分配

11.2.4 字符串数组

（1）可以将一个二维字符数组视为一个字符串数组。

如：

char name[10][80];

数组 name 共有 10 个元素，每个元素可以存放 80 个字符（作为字符串使用时，最多可以存放 79 个有效字符，最后一个存储单元留给'\0'）。

（2）字符串数组可以在定义的同时赋初值。

char ca[3][5] = {"a","bb","ccc"};

ca[0]	a	\0		
ca[1]	b	b	\0	
ca[2]	c	c	c	\0

（3）可以定义字符型指针数组并通过赋初值来构成一个类似的字符串数组。

char * pa = [3] = {"a","bb","ccc"}

11.2.5 字符串的输入方式及格式

（1）用格式说明符%s 进行整串输入，遇到空格或者回车认为结束输入。

（2）用 gets()函数输入，遇到回车结束输入。

11.2.6 字符串的输出方式及格式

（1）用格式说明符％s进行整串输出，遇到第一个'\0'结束输出。

（2）用 puts 函数输出，遇到第一个'\0'结束输出，并自动输出一个换行符。

11.2.7 用于字符串处理的函数及格式

在 C 语言中字符串处理函数比较丰富，常用的有 strcpy()、strcat()、strlen()、strcmp()，具体功能及使用注意事项如表 11-1 所示。

表 11-1　字符串处理函数

函数名称	调用形式	实现功能
strcpy	strcpy(s1, s2)	把 s2 所指字符串内容复制到 s1 所指存储单元中。函数返回 s1 值。s1 必须指向一个足够容纳 s2 串的存储单元
strcat	strcat(s1, s2)	将 s2 所指字符串的内容连接到 s1 所指字符串后面，并自动覆盖 s1 串末尾的\0，返回 s1 所指的地址值。s1 所指字符串应有足够的空间容纳两串合并后的内容
strlen	strlen(s)	计算出以 s 为起始地址的字符串长度，并作为函数值返回。这一长度不包括串尾的结束标志\0
strcmp	strcmp(s1, s2)	用来比较 s1 和 s2 所指字符串的大小。若串 s1＞s2，函数值大于 0（正数），若串 s1＝s2，函数值等于 0，若串 s1＜s2 函数值小于 0（负数）

11.3　应用案例——单词数目统计

1. 需求陈述

输入一行字符串组成一个句子，单词之间用空格隔开，输入的字符数不超过 100 个，统计输入的单词数目，并输出单词数目。

2. 需求分析

根据需求陈述可知，该程序在执行过程中能够接收键盘输入的字符串，作为待判定的句子；能够对接收到的字符串进行单词识别，并能够统计单词数量；能够完成对统计的单词数目输出。

3. 设计

该问题的解决，首先需要定义字符数组，用于存放字符串，定义基本整型变量，用来存放单词的数目；调用 gets 函数接收键盘输入的字符串，不能用 scanf 函数输入，因为 scanf 函数遇到空格即结束输入；用 while 循环寻找第一个单词，即第一个非空字符，寻找到后进行计数，计算的结果放 num 变量中，跳过本单词，移动下标，直到是一个空格或\0，如果是空格，则 num++，再继续寻找第一个非空字符，如果是\0，则结束寻找，输出 num 的值。

用 while 循环计算一行句子中单词的个数，详细设计过程如程序流程图 11-2 所示。

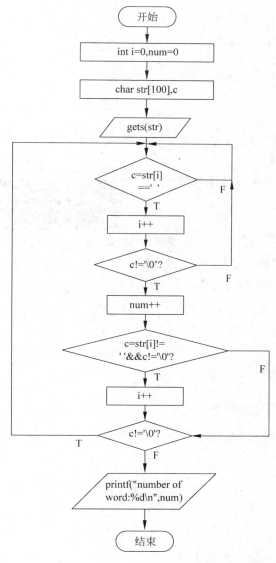

图 11-2　程序流程图

4. 编码实现

```c
#include < stdio. h>
void main()

{
    int i = 0, num = 0;
    char str[100], c;
    gets(str);
    do{
    while((c = str[i]) == ' ')
```

```
            i++ ;
        if(c!= '\0')num++ ;
        while((c = str[i])!= ' '&&c!= '\0')i++ ;
        }while(c!= '\0');
        printf("number of word:% d\n",num);
    }
```

5. 测试

测试目的——输入字符串构成语句,统计出单词数目并输出。

输入字符串——this is a book!

预测结果——4,程序运行结果如图 11-3
所示。

图 11-3　程序运行结果

6. 案例应用提高

修改源码,要求:用户接口更友好,用户
使用过程更方便,有必要的信息提示;单词的
识别算法处理过程采用 for 循环实现。

```c
#include < stdio. h>
void main( )
{
 char str[100];
 int i, num = 0, word = 0;
 char c;
 printf("Please input the sentence:\n");
 gets(str);
 for(i = 0 ;(c = str[i])!= '\0';i++ )
 {
  if(c == ' ')
   word = 0 ;
  else if(word == 0)
  {
   word = 1 ;
   num++ ;
  }
 }
 printf("There are % d words in the sentence. \n",num);
}
```

修改后的程序运行结果如图 11-4 所示。

图 11-4　程序运行结果

11.4 实验小结

通过对该实训案例的学习,能够充分地认识到字符串的存储完全依赖于字符数组,但字符数组又不等于是字符串变量。要熟练掌握字符串的存取方式。

11.5 编程提高

(1) 编写程序,从输入的 10 个字符串中找出最长的那个串。

(2) 请编写函数,判断一字符串是否是回文,若是回文函数返回值为 1,输出 yes,否则返回值为 0,输出 no。回文是顺读和倒读都一样的字符串。

11.6 本章小结

C 语言中,字符串存放在一维数组中,第一个字母的地址即为数组的首地址,将一串字符连续地存放于一块存储单元中,最后系统自动地加'\0'作为字符串结束标志。由于数组中每一个元素又可以是字符,所以又将此数组称为字符串数组,即二维数组。

C 语言,还可以将指针指向字符串。指针存放的只能是地址,存放的地址就是要指向的地址,指针体现了 C 语言的灵活性。

为了具体地应用字符串,C 语言设置了许多用于处理字符串的函数。输入函数 gets,输出函数 puts,复制函数 strcpy,连接函数 strcat,比较函数 strcmp,计算字符串长度函数 strlen。体现了 C 语言功能的强大性。

学习字符串要先学习数组、指针和函数调用。

第 12 章

实验十一：结构体

12.1　目的和要求

(1) 掌握结构体类型的定义。
(2) 掌握结构体类型变量的定义。
(3) 掌握结构体类型变量的使用。
(4) 掌握结构体类型数组的概念和使用。

12.2　知 识 回 顾

结构体类型为构造类型，是由基本数量类型构造而成的。需要先定义结构体类型，再定义结构体类型的变量、数组或指针变量。

12.2.1　结构体类型的定义

一般形式：

```
struct [结构体名]
{
成员列表
};
```

例如：

```
struct Student
{ int    num;
 char   name[20];
 int    age;
 float  score;
};
```

结构体类型名为 struct Student。

12.2.2　结构体变量的定义及使用

(1) 结构体变量的定义——通常有三种形式：
形式 1：先定义类型再定义变量

```
struct Student
{ int   num;
 char   name[20];
 int    age;
 float score;
};
struct Student stu1,stu2;
```

形式 2：定义类型的同时定义变量

```
struct Student
{ int   num;
 char   name[20];
 int    age;
 float score;
}stu1,stu2;
```

形式 3：直接声明无名结构体变量

```
struct
{ int   num;
 char   name[20];
 int    age;
 float score;
}stu1,stu2;
```

结构体变量所占的存储空间为各成员所占存储空间之和，如变量 stu1 所占的存储空间为 4+20+4+4＝32 个字节。结构体变量各成员在内存中占用连续的存储单元，结构体变量的首地址与第一个结构体变量成员的地址相同。

（2）结构体变量的初始化

```
struct Student stu1 = {10101,"Zhanghua",20,95};
```

（3）结构体变量的引用

结构体变量也要遵循先定义后使用的原则。但结构体变量不能整体引用，只能引用成员变量。一般形式为：

结构体变量名.成员名

例如：

```
stu1.num = 10102;
```

可以将一个结构体变量赋值给另一个结构体变量。如：

```
stu2 = stu1;
```

12.2.3 结 构 体 数 组

1. 结构体数组的定义
结构体数组的定义与结构体变量的定义方法一样，有三种形式。

定义结构体类型 Student 数组 s,该数组有 5 个元素。其定义形式为:

struct Student s[5];

2. 结构体数组的初始化

struct Student s[2] = {{10101,"Zhanghua",20,95},{10102,"Zhaoli",21,98}};
struct Student s[2] = {10101,"Zhanghua",20,95,10102,"Zhaoli",21,98};

3. 结构体数组的引用

结构体数组元素的引用类似于结构体变量的引用,用结构体类型数组元素来代替结构体变量即可。引用形式为:

结构体数组名[下标].成员名

例如:

s[1].num

12.2.4 结构体指针变量

1. 指向结构体变量的指针变量的定义

一般形式:

struct 结构体类型名 * 结构体指针变量名;

例如:

struct Student * p;

2. 指向结构体变量的指针的引用

通常有两种形式:

例如:

```
struct Student stu, * p;
p = &stu;
p - > num = 10103;                        //形式 1
( * p). num = 10103;                       //形式 2
```

其中,"->"是指向运算符。

12.3 应用案例——产品销售信息管理

某商场产品销售信息管理。使用该系统可以对销售的产品信息进行录入,计算销售金额,并按产品销售金额从高到低输出产品销售记录信息。

1. 需求分析

产品销售记录由产品代码、产品名称、单价、数量、金额 5 项信息组成。其中,金额＝单价＊数量;该系统的功能可以分解为三个模块:产品销售记录信息输入,根据销售金额对产品销售记录排序,按产品销售金额从高到低输出。系统功能数据流程如图 12-1 所示。

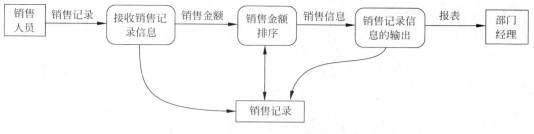

图 12-1　系统功能级数据流图

2. 设计

1）概要设计

根据分析环节的功能陈述,该系统的销售记录信息可以采用结构体类型的数组实现,该结构体类型共包含 5 个成员,分别为产品代码、产品名称、单价、数量、金额。

该系统共包含 4 个功能模块,构成两级结构。主模块(总控模块)由 main() 函数来实现,其他三个模块分别完成销售记录信息的输入、不同产品销售金额的排序以及产品销售记录信息的输出,系统结构如图 12-2 所示。

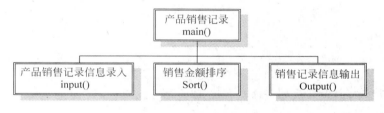

图 12-2　系统结构图

2）详细设计

根据概要设计的内容,存放产品销售记录信息的结构体类型中,可以定义如下 5 个成员:产品代码 dm(字符型 4 位)、产品名称 mc(字符型 10 位)、单价 dj(整型)、数量 sl(整型)、金额 je(长整型),结构体可以命名为 PRO,结构体数组的名字为 sell。

该系统所包含的 4 个功能模块的详细算法如下所述。

（1）main() 函数——总控模块

总控程序。实现对 input()、sort()、output() 三子功能模块的调用。

该模块的算法实习过程如程序流程图 12-3 所示。

（2）input() 函数——产品销售记录信息录入

该模块实现产品销售记录信息录入功能。做到人性友好的信息提示,依次接收键盘输入的各项销售记录信息,并完成销售记录信息到结构体数组 sell 存储。

该模块功能的实现算法如程序流程图 12-4 所示。

（3）sort() 函数——产品销售记录排序

input() 函数模块实现了产品销售记录信息的输入,并完成了各产品销售金额的计算。要实现各产品按照销售金额从高到低排序,其实现方法很多,如冒泡排序、快速排序、希尔排序等,当前功能可以采用冒泡排序的算法思想。

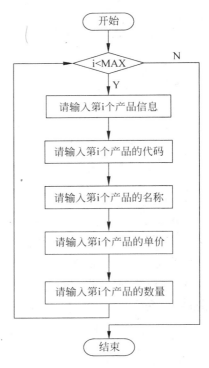

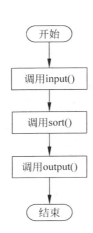

图 12-3　main 函数程序流程图　　　　图 12-4　input 函数程序流程图

该模块功能的实现算法如程序流程图 12-5 所示。

（4）output（）函数

该模块的功能为对各产品销售记录信息进行输出，由于 sort 函数模块已经按照销售金额对各商品销售记录进行了排序，所以本函数模块可以采用循环实现各产品销售记录信息输出。

其功能实现过程如程序流程图 12-6 所示。

3. 编码实现

```
#include  <string.h>
#include  <conio.h>              //scanf 和 printf
#include  <stdlib.h>             //数据库
#include  <stdio.h>
#define   MAX 3                  /*定义符号常量 MAX,表示产品销售记录条数*/

//函数声明
void input();
void sort();
void output();

//定义结构体类型 PRO,用于定义结构体类型的数组 sell[],存储销售记录
typedef struct
{   char dm[5];                  /*产品代码*/
    char mc[11];                 /*产品名称*/
    int dj;                      /*单价*/
    int sl;                      /*数量*/
```

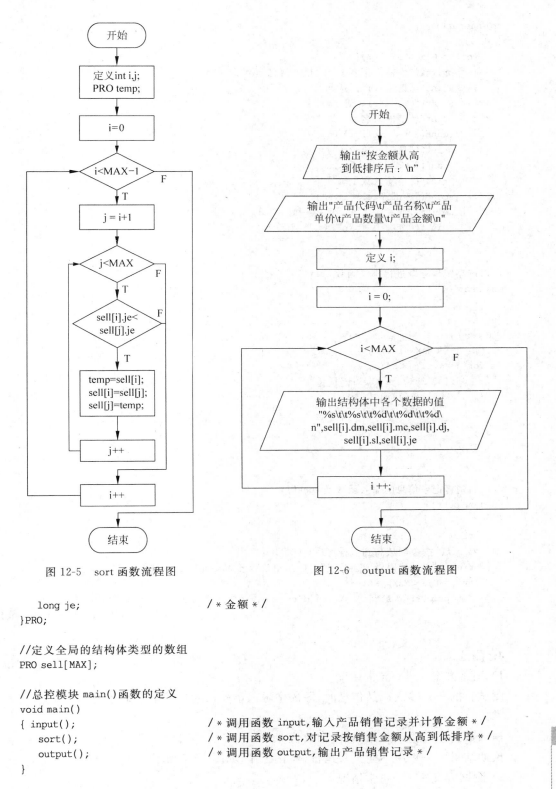

图 12-5 sort 函数流程图

图 12-6 output 函数流程图

```
    long je;                    /*金额*/
}PRO;

//定义全局的结构体类型的数组
PRO sell[MAX];

//总控模块 main()函数的定义
void main()
{ input();                     /*调用函数 input,输入产品销售记录并计算金额*/
    sort();                    /*调用函数 sort,对记录按销售金额从高到低排序*/
    output();                  /*调用函数 output,输出产品销售记录*/
}

//产品销售记录信息输入模块 input()函数的定义
```

实验十一：结构体

```
void input()
{int i;
    for(i = 0;i < MAX;i++){
        printf("请输入第 % d 个的相关信息： \n",i + 1);
        printf("请输入产品代码： ");
        scanf(" % s",sell[i].dm);
        printf("请输入名称： ");
        scanf(" % s",sell[i].mc);
        printf("请输入单价： ");
        scanf(" % d",&sell[i].dj);
        printf("请输入数量： ");
        scanf(" % d",&sell[i].sl);
        sell[i].je = sell[i].dj * sell[i].sl;
        printf("金额为 % d\n",sell[i].je);
}}


//对产品销售记录进行排序函数 sort()
void sort()
{
int i,j;
PRO temp;
for(i = 0;i < MAX - 1;i++)
    for(j = i + 1;j < MAX;j++)
        if(sell[i].je < sell[j].je) {
            temp = sell[i];
            sell[i] = sell[j];
            sell[j] = temp;
        }
}


//产品销售记录信息的输入函数 output()
void output()
{
    int i;
    printf("按金额从高到低排序后： \n");
    printf("产品代码\t 产品名称\t 产品单价\t 产品数量\t 产品金额\n");
    for(i = 0;i < MAX;i++)
        printf(" % s\t\t % s\t\t % d\t\t % d\t\t % d\n",sell[i].dm,sell[i].mc,
                                        sell[i].dj,sell[i].sl,sell[i].je);
}
```

4. 测试

1) 测试方案 1——异常情况

测试目的——输入产品信息时,源码中输入语句没有正确地取地址值。

　　　　　　　如：scanf(" % d",sell[i].dj);

输入数据——输入产品单价,如数值 2。

预期结果——程序不能正常运行,停止工作,如图 12-7 所示。

2) 测试方案 2——正常情况

测试目的——接收键盘输入各产品记录信息。

图 12-7　异常情况

输入数据——01 茶叶 125　　10

　　　　　　02 牛奶 50　　20

　　　　　　03 咖啡 90　　12

预期结果——产品记录输出顺序依次为：茶叶、咖啡、牛奶，如图 12-8 所示。

图 12-8　程序运行结果

实验十一：结构体

12.4　实　验　小　结

通过对该实训案例的学习,希望读者能够掌握以下 4 点:

(1) 结构体类型和结构体变量的定义。

(2) 子函数的声明和 main 主函数对子函数的调用。

(3) scanf()函数中"地址列表"中各地址参数的应用。

(4) 冒泡排序算法。

12.5　编　程　提　高

(1) 编程实现统计投票票数。假设有 3 个候选人,共进行 10 次投票,每次从键盘输入一个得票候选人名字,最后分别统计出各候选人的得票数。

(2) 建立一个有 3 名学生数据的单向动态链表。

动态链表:在程序执行过程中从无到有地建立起一个链表,即一个一个地开辟结点和输入各结点数据,并建立起前后相连的关系。

12.6　本　章　小　结

通过本章的案例学习,掌握结构体变量和结构体数组的定义和使用,掌握结构体数组元素的灵活应用。

在使用结构体变量或数组时应该先定义后使用,明确各数组成员的线性存储关系,以及各元素成员的正确引用。

明确结构程序设计方法。领会模块化设计的思想,明确主调函数和被调用函数间的被服务和服务间的关系。

第13章

习　题

习题1　编程预备知识

一、填空题

1. 程序员和计算机交流的工具是_____。

2. _____为人和计算机交流提供了沟通的桥梁。

3. 程序设计语言可以分为_____、_____和_____三类。

4. 机器语言是直接用_____代码表示指令的计算机语言。

5. 机器语言指令由_____和_____组成。

6. 机器语言是一种_____,它也是计算机唯一能直接识别的语言。

7. _____,又称助记符语言,就是采用单词风格的符号替代机器语言中的二进制操作码。

8. 机器语言和_____一般都称为低级语言。_____相对汇编语言而言,它是较接近自然语言和数学公式的编程语言、基本上脱离了机器的硬件系统、能够用人们更易理解的方式编写程序。

9. 一个完整的计算机系统由_____和_____两大部分组成。

10. 计算机硬件系统是由运算器、_____、_____、输入设备和输出设备五大部分组成的。

11. 计算机软件系统通常分为_____和_____两大类。

12. _____是由一个个的单元组成的,每个单元被称为一个存储单元,每个存储单元都有一个编号,这些编号都被称为_____。

13. 存储器中一个存储单元称为 1 个_____,每个字节由 8 个_____组成(即 1Byte＝8bit),_____是存储信息的基本单位,_____是存储信息的最小单位。

14. 八进制共有_____个数码,基数是_____。

15. 两个 8 位二进制数 10101011 和 01001011 进行逻辑加的结果为_____。

16. 十六进制数 AB.CH 对应的十进制数字是_____。

17. $(205)_{16}＝($　　　$)_{10}＝($　　　$)_2＝($　　　$)_8$

　　　$($　　　$)_{16}＝(957)_{10}＝($　　　$)_2＝($　　　$)_8$

　　　$($　　　$)_{16}＝($　　　$)_{10}＝($　　　$)_2＝(265.15)_8$

　　　$($　　　$)_{16}＝($　　　$)_{10}＝(11110101.1100)_2＝($　　　$)_8$

二、选择题

1. 下列叙述中错误的是（　　）。

    A. C 语言源程序经编译后生成后缀为. obj 的目标程序

    B. C 程序经过编译、连接步骤之后才能形成一个真正可执行的二进制机器指令文件

    C. C 语言是高级语言，所以其源程序无须编译就可以执行

    D. C 语言中的每条可执行语句和非执行语句最终都将被转换成二进制的机器指令

2. 下列叙述中错误的是（　　）。

    A. 算法正确的程序可以有零个输出

    B. 算法正确的程序可以有零个输入

    C. 算法正确的程序最终一定会结束

    D. 算法正确的程序对于相同的输入一定有相同的结果

3. C 语言源程序的后缀是（　　）。

    A. exe   B. c   C. obj   D. cp

4. 计算机能直接执行的程序是（　　）。

    A. 可执行程序   B. 目标程序   C. 汇编程序   D. 源程序

5. 一个算法应该具有"确定性"等 5 个特性，下面对另外 4 个特性的描述中错误的是（　　）。

    A. 可行性   B. 有零个或多个输入

    C. 有穷性   D. 有零个或多个输出

6. 以下不属于结构化程序设计三种基本结构的是（　　）。

    A. 线性结构   B. 顺序结构   C. 选择结构   D. 循环结构

7. 以下选项中不属于程序设计语言的是（　　）。

    A. 机器语言   B. 汇编语言   C. 高级语言   D. 自然语言

8. C 语言属于（　　）。

    A. 汇编语言   B. 高级语言   C. 机器语言   D. 自然语言

9. 与十六进制数（AB）H 等值的二进制数是（　　）。

    A. 10101011   B. 10101010   C. 10111010   D. 10111011

10. 下列 4 个不同进制的无符号整数中，数值最小的是（　　）。

    A. 1221（O）   B. 10010010（B）   C. 147（D）   D. 94（H）

11. 在微型机中，bit 的中文含义是（　　）。

    A. 位（1 位二进制）   B. 字节

    C. 字   D. 双字

12. 使用计算机高级语言编写的程序一般称为（　　）。

    A. 编译程序   B. 编辑程序   C. 源程序   D. 连接程序

13. 在内存中，每个基本单位都被赋予一个唯一的序号，这个序号称为（　　）。

    A. 编号   B. 地址   C. 编码   D. 字节

14. 计算机软件系统应包括（　　）。

    A. 系统软件和应用软件   B. 人事管理软件

C. 汇编程序和编译程序　　　　　　　　　　D. 程序和数据

15. 只读存储器(ROM)与随机存储器(RAM)的主要区别是(　　　)。

    A. RAM 是内存储器,ROM 是外存储器

    B. ROM 是内存储器,RAM 是外存储器

    C. ROM 掉电后,信息会丢失,RAM 则不会

    D. ROM 可以永久保存信息,RAM 在掉电后信息全丢失

16. 在微机中外存储器通常使用硬盘作为存储介质。硬盘中存储的信息,在断电后(　　　)。

    A. 不会丢失　　　　　B. 少量丢失　　　　　C. 大部分丢失　　　　　D. 完全丢失

17. 某单位的财会管理软件属于(　　　)。

    A. 应用软件　　　　B. 字处理软件　　　　C. 系统软件　　　　D. 编辑软件

18. 在下列软件中,不属于系统软件的是(　　　)。

    A. 操作系统　　　　　　　　　　　　　B. 汇编程序

    C. 编译程序　　　　　　　　　　　　　D. 用 C 语言编写的人事管理系统

19. 微型计算机的外存储器,可以直接将数据传送到(　　　)。

    A. 微处理器　　　　B. 运算器　　　　C. 内存储器　　　　D. 控制器

20. 微型计算机的中央处理单元(CPU)是由(　　　)。

    A. 运算器和控制器组成的　　　　　　　B. 微处理器和内存组成的

    C. 内存和外存组成的　　　　　　　　　D. 运算器和寄存器组成的

习题 2　编 程 初 步

一、填空题

1. 在 VC++ 6.0 环境中运行一个 C 程序时,这时所运行的程序的后缀是_____。

2. C 语言源程序文件名的后缀是_____;经过编译后,生成文件的后缀是_____;经过连接后,生成文件的后缀是_____。

3. 在 C 语言程序中,注释的信息内容都是被_____和_____括起来的,其不会进行编译。

4. C 程序为了增加程序的可读性,常常人为添加说明性信息,该说明性信息称为_____。

5. C 语言中,注释标记符号"/"和" * "之间不能有_____,并且注释不能_____。

6. _____文件被称为标准输入/输出头文件。

7. "int main(){ }"是函数的整体。其中_____称为主函数,其中"int main()"称为_____,一对花括号中间部分就是主函数的具体实施部分,称为_____。

8. 一个 C 语言程序要求有且只有一个_____。程序的执行总是从主函数开始,从主函数结束。

9. 程序的执行总是在函数内部执行,因此,_____是 C 程序的基本组成单位。

10. 在 C 语言程序中,语句是以_____为结束标记,是语句的重要组成部分。

11. _____是指在程序运行过程中,数据的值永不能被改变的量。

12. 常量通常分为_____、_____、字符常量、_____ 4 类。

13. 在 C 语言中,合法地表示整型数据有如下三种形式:_____、十进制和_____。

14. 在 C 语言中,合法地表示实型数据有如下两种形式:_____和_____。

15. 在 C 语言中,合法地表示字符型数据有如下两种形式:_____和_____。

16. 在 C 语言中,合法的字符串数据是由一对_____括起来的一组字符序列。

17. 在 C 语言算术运算符中,除(/)和求余(%)运算符比较特殊,除(/)运算符的两个运算量都为整数时为_____,求余(%)运算符要求两个运算量都必须为_____。

18. 在 C 语言中,_____是赋值运算符,_____是关系运算符,关系运算符中用_____表示不等。

19. 在 C 语言中,表示"|x|<4"相同含义的表达式为_____。

20. 在 C 语言中,表达式 2>1?5:10 的值为_____,表达式 1>2?5:10 的值为_____。

21. 在 C 语言中,执行语句:a=3;b=5;c=(++a)*b;后/c 的值是_____,a 的值是_____。

二、选择题

1. 在 C 语言中,函数体都必须用(　　)括起来。
   A. 大括号　　　　　　B. 小括号　　　　　　C. 双引号　　　　　　D. 单引号

2. 一个 C 语言程序总是从(　　)。
   A. 主过程开始执行　　　　　　　　　　B. 主函数开始执行
   C. 子过程开始执行　　　　　　　　　　D. 子函数开始执行

3. C 语言能直接执行的程序是(　　)。
   A. 目标程序　　　　　B. 源程序　　　　　C. 汇编程序　　　　　D. 可执行程序

4. 以下每个选项都代表一个常量,其中正确的整型常量是(　　)。
   A. −20　　　　　　　B. 0.0　　　　　　　C. 1,000　　　　　　D. 4　5　6

5. 以下选项中,正确的实型常量是(　　)。
   A. 1.2 E−3.5　　　　B. e−5　　　　　　　C. 1.2　　　　　　　D. 3.　1415

6. 以下选项中,正确的字符常量是(　　)。
   A. 'W'　　　　　　　B. "F"　　　　　　　C. "\\"　　　　　　　D. 'AB'

7. 下面不正确的字符串常量是(　　)。
   A. "0"　　　　　　　B. "12'12"　　　　　C. 'abc'　　　　　　　D. " "

8. 以下选项中,合法转义字符的选项是(　　)。
   A. '\\'　　　　　　　B. '\018'　　　　　　C. 'xab'　　　　　　　D. '\abc'

9. 以下关于运算符优先顺序的描述中正确的是(　　)。
   A. 关系运算符<算术运算符<赋值运算符<逻辑与运算符
   B. 赋值运算符<逻辑与运算符<关系运算符<算术运算符
   C. 逻辑与运算符<关系运算符<算术运算符<赋值运算符
   D. 算术运算符<关系运算符<赋值运算符<逻辑与运算符

10. 若 a、b、c 已正确定义并赋值，符合 C 语言语法的表达式是（　　）。

    A. a＝a＋7＝c＋b

                       B. a＋b＝c

    C. a＝7＋1＝b

                       D. a＝7＋b＋c,a＋＋

11. 假设所有变量均为整型，则表达式(x＝2，y＝5，y＋＋，x＋y)的值是（　　）。

    A. 6   B. 7   C. 8   D. 2

12. x 为奇数时值为"真"，x 为偶数时值为"假"的表达式是（　　）。

    A. x％2   B. !(x％2＝＝1)   C. x％2＝＝0   D. !(x％2)

13. 设 a＝3，b＝4；，则执行表达式(a＋＋＝＝4)&&(b＋＋＝＝5)后，变量 b 的值是（　　）。

    A. 3   B. 4   C. 5   D. 6

14. 若变量 a，b，c 都为整型，且 a＝1、b＝15、c＝0，则表达式 a＝＝b＞c 的值是（　　）。

    A. 0   B. 1   C. 非零   D. "真"

15. a 为 0 时，值为"真"的表达式是（　　）。

    A. a＝＝0   B. a   C. !(＋＋a)   D. a＝0

16. 设整型变量 a＝4，b＝5，c＝0，d；d＝!a&&!b‖!c；，则 d 的值是（　　）。

    A. －1   B. 0   C. 1   D. 非 0 的数

17. 若变量已正确定义并赋值，下面符合 C 语言语法的表达式是（　　）。

    A. a＝2＋b＋c,a＋＋

                       B. a＝a＋2;

    C. int 12.3％4

                       D. a＝a＋2＝a＋b

18. 判断 char 型变量 ch 是否为大写字母的正确表达式是（　　）。

    A. (ch＞＝'A')&(ch＜＝'Z')

                 B. 'A'＜＝ch＜＝'Z'

    C. (ch＞＝'A')&&(ch＜＝'Z')

                 D. ('A'＜＝ch)AND('Z'＞＝ch)

19. 判断 char 型变量 c1 是否为小写字母的正确表达式是（　　）。

    A. (c1＞＝'a')&&(c1＜＝'z')

                 B. 'a'＜＝c1＜＝'z'

    C. ('a'＞＝c1)‖('z'＜＝c1)

                 D. (c1＞＝a)&&(c1＜＝z)

20. 已知 x＝43，ch＝'A'，y＝0，则表达式(x＞＝y&&ch＜'B'&&!y)的值是（　　）。

    A. 0   B. 1   C. 语法错   D. "假"

习题 3　基本数据类型

一、填空题

1. C 语言中是用符号＿＿＿＿＿＿＿表示整型的，在 VC 环境中，一个 int 型数据需分配＿＿＿＿＿＿＿个字节的存储空间。

2. 用 8 位存储一个有符号整数，它的取值范围是＿＿＿＿＿＿＿；存储无符号数，取值范围是＿＿＿＿＿＿＿。

3. 在 C 语言里用符号＿＿＿＿＿＿＿表示字符型。一个字符型数据只需＿＿＿＿＿＿＿个字节的存储空间。

4. 对 char 型数据，在内存里存储的是字符的＿＿＿＿＿＿＿码值，即是一个用 8 位描述的无符号整数。

5. 在 C 语言里用符号_____表示单精度浮点型,用符号 double 表示双精度浮点型。单精度浮点型需要分配_____个字节的内存空间,双精度浮点型需要分配_____个字节的内存空间。

6. 在 C 语言中,每个变量都对应着_____,也就是说,变量不仅可以用来表示数据的值,而且可以用来存放数据。

7. 在 C 语言中,定义基本整型变量 i 的语句为_____。

8. 在 C 语言中,定义字符型变量 c,并赋初值'a'的语句为_____。

二、选择题

1. 若有定义:int m＝7;float x＝2.5,y＝4.7;则表达式 x＋m％3＊(int)(x＋y)％2/4 的值是（   ）。

   A. 3.500000   B. 2.750000   C. 2.500000   D. 0.000000

2. 设变量 a 是整型,f 是实型,i 是双精度型,则表达式 10＋'a'＋i＊f 值的数据类型为（   ）。

   A. double   B. int   C. float   D. 不确定

3. 设有说明:char w;int x;float y;double z;则表达式 w＊x＋z－y 的值的数据类型为（   ）。

   A. float   B. double   C. char   D. int

4. 设有 int i;char c;float f;则以下结果为整型的表达式是（   ）。

   A. i＊c   B. i＋f   C. i＋c＋f   D. c＋f

5. 下列表达式的值,等于 0 的为（   ）。

   A. 5－6   B. 5％6   C. 5/6.0   D. 5/6

6. 设 a 为整型变量,初值为 9,执行完语句 a＋＝a－＝a＋a 后,a 的值是（   ）。

   A. －18   B. 9   C. 0   D. －9

7. 设 x 为 int 型变量,初值为 10,执行完语句 x ＋＝ x －＝ x － x 后,x 的值为（   ）。

   A. 10   B. 20   C. 30   D. 40

8. 若有以下程序段:int c1＝1,c2＝2,c3;c3＝1.0/c2＊c1;则执行后,c3 中的值是（   ）。

   A. 0   B. 0.5   C. 1   D. 2

9. 有整型变量 x,单精度变量 y＝5.5,表达式 x＝(float)(y＊3＋((int)y)％4)执行后,x 的值为（   ）。

   A. 17   B. 17.500000   C. 17.5   D. 16

10. 若 t 为 double 类型,表达式(t＝1,t＋5,t＋＋)的值是（   ）。

    A. 1.0   B. 1   C. 6.0   D. 2.0

11. 表达式 18/4 ＊ sqrt (4.0)/8 的值的数据类型为（   ）。

    A. double   B. int   C. float   D. 不确定

12. 已知各变量的类型说明如下:

    ```
    int k,a,b;
    unsigned long w = 5;
    ```

```
double x = 1.42;
```

则以下不符合 C 语言语法的表达式是（　　　）。

A．w+=−2

B．x%(−3)

C．k=(a=2,b=3,a+b)

D．a+=a−=(b=4)*(a=3)

13. 执行以下语句后 a 的值为（　　　）。

```
int a,b,c;
a = b = c = 1;
++a‖++b&&++c;
```

A．0　　　　　　　B．1　　　　　　　C．2　　　　　　　D．错误

14. 执行以下语句后 b 的值为（　　　）。

```
int a,b,c;
a = b = c = 1;
++a‖++b&&++c;
```

A．1　　　　　　　B．2　　　　　　　C．0　　　　　　　D．错误

15. 执行以下语句后 c 的值为（　　　）。

```
int a,b,c;
a = b = c = 1;
++a‖++b&&++c;
```

A．2　　　　　　　B．1　　　　　　　C．0　　　　　　　D．错误

16. 执行以下语句后 a 的值为（　　　）。

```
int a = 5,b = 6,w = 1,x = 2,y = 3,z = 4;
(a = w>x)&&(b = y>z);
```

A．1　　　　　　　B．2　　　　　　　C．0　　　　　　　D．5

17. 执行以下语句后 b 的值为（　　　）。

```
int a = 5,b = 6,w = 1,x = 2,y = 3,z = 4;
(a = w>x)&&(b = y>z);
```

A．6　　　　　　　B．0　　　　　　　C．1　　　　　　　D．4

18. 设 x 和 y 均为 int 型变量,则以下语句：x+=y; y=x−y; x−=y;的功能是（　　　）。

A．无确定结果

B．把 x 和 y 按从大到小排列

C．把 x 和 y 按从小到大排列

D．交换 x 和 y 中的值

19. 设 x、y、z 均为 int 型变量,则以下语句：z=x; x=y; y=z;的功能是（　　　）。

A．交换 x 和 y 中的值

B．把 x 和 y 按从大到小排列

C．把 x 和 y 按从小到大排列

D．无确定结果

20. 已知 float x=1,y;则 y=(++x)*(++x)的结果是（　　　）。

A．表达式是错误的

B．y=9

C．y=1

D．y=6

习题 4 输 入 输 出

一、填空题

1. 通常情况下，_____是利用键盘向计算机输入数据，_____是计算机将数据结果显示到显示器上。

2. C 语言中要完成数据的输入输出功能，需要调用头文件_____中的函数。

3. 在 C 语言中，进行数据的格式化输入/输出分别是通过函数_____和_____实现的。

4. 函数 printf() 中格式串是由_____、_____和转义字符三部分组成的。

5. 格式说明符由_____开头，和某个格式符组合而成；转义字符由_____开头。

6. 格式符_____用来输出十进制整数；格式符_____用来输出实数（包括单、双精度）。

7. 在标准函数库中的两个专门处理单个字符数据的输入和输出函数为_____和_____。

二、写出以下各程序的输出结果

1.
```c
#include<stdio.h>
void main()
{
    int k = 1234;
    printf("%d",k);
}
```

2.
```c
#include<stdio.h>
void main()
{
    int k = 1234;
    printf("%6d",k);
}
```

3.
```c
#include<stdio.h>
void main()
{
    int k = 1234;
    printf("%2d",k);
}
```

4.
```c
#include<stdio.h>
void main()
{
    float f = 123.456;
    printf("%f",f);
}
```

5.
```c
#include<stdio.h>
void main()
```

```
        {
            float f = 123.456;
            printf(" % 12f",f);
        }
```

6.
```
#include < stdio. h >
void main()
{
    float f = 123.456;
    printf(" % 12.6f",f);
}
```

7.
```
#include < stdio. h >
void main()
{
    float f = 123.456;
    printf(" % 2.6f",f);
}
```

8.
```
#include < stdio. h >
void main()
{
    float f = 123.456;
    printf(" % .6f",f);
}
```

9.
```
#include < stdio. h >
void main()
{
    float f = 123.456;
    printf(" % 12.2f",f);
}
```

10.
```
#include < stdio. h >
void main()
{
    float f = 123.456;
    printf(" % 12.0f",f);
}
```

11.
```
#include < stdio. h >
void main()
{
    float f = 123.456;
    printf(" % .0f",f);
}
```

12.
```
#include < stdio. h >
void main()
{
    float f = 123.456;
```

```
            printf("% e",f);
        }
13.  #include < stdio. h>
     void main()
     {
         float f = 123.456;
         printf("% 13e",f);
     }
14.  #include < stdio. h>
     void main()
     {
         float f = 123.456;
         printf("% 13.8e",f);
     }
15.  #include < stdio. h>
     void main()
     {
         float f = 123.456;
         printf("% 3.8e",f);
     }
```

习题 5　条件判断语句

一、填空题

1. 结构化程序设计的三种基本结构是顺序结构、_____和_____。

2. C 语言遵循模块化程序设计,主要通过自定义_____,以及_____来完成。

3. 在 C 语言中,根据一定条件来执行某语句是通过_____实现的。

4. 在 C 语言中,如果存在多重条件判断可以使用嵌套的 if 语句和_____实现。

5. 在 C 语言中,switch 语句要想真正实现多分支需要配合_____实现。

二、选择题

1. 执行下列程序段后的输出结果是(　　　)。

```
int x = 1,y = 1,z = 1;
x += y += z;
printf("% d\n",x < y?y:x);
```

  A. 3   B. 4   C. 5   D. 2

2. 设 ch 是 char 型变量,其值为 A,且有下面的表达式:ch＝(ch＞＝'A'＆＆ch＜＝'Z')?(ch＋32):ch 表达式的值是(　　　)。

  A. A   B. a   C. Z   D. z

3. 设 a,b 和 c 都是 int 型变量,且 a＝3,b＝4,c＝5,则下面的表达式中,值为 0 的表达式是(　　　)。

  A. a＜＝b   B. a‖b＋c＆＆b－c

C. ！（（a＜b）＆＆！c‖1）   D. 'a'＆＆'b'

4. 以下程序的输出结果是（   ）。

```
main()
{
int n = 0,m = 1,x = 2;
if(!n) x -= 1;
if(m) x -= 2;
if(x) x -= 3;
printf("%d\n",x);
}
```

    A. −4   B. −5   C. −3   D. 3

5. 若要求在 if 后一对圆括号中表示 a 不等于 0 的关系，则能正确表示这一关系的表达式为（   ）。

    A. a＝0   B. ！a   C. a＜＞0   D. a

6. 设 a＝1,b＝2,c＝3,d＝4,则表达式：a＜b?a:c＜d?a:d 的结果为（   ）。

    A. 1   B. 3   C. 4   D. 2

7. 为了避免嵌套的 if-else 语句的二义性，C 语言规定 else 总是与（   ）组成配对关系。

    A. 在其之前未配对的 if   B. 缩排位置相同的 if

    C. 在其之前未配对的最近的 if   D. 同一行上的 if

8. 下面 4 个选项中，判断 a 和 b 是否相等的 if 语句（设 int x,a,b,c;）为（   ）。

    A. if (a!＝b) x++;   B. if (a＝b) x++;

    C. if (a＝＜b) x++;   D. if (a＝＞b) x++;

9. 已知 int x＝10,y＝20,z＝30,则执行

```
if (x>y)
z = x;x = y;y = z;
```

    语句后，x、y、z 的值是（   ）。

    A. x＝10,y＝20,z＝30   B. x＝20,y＝30,z＝30

    C. x＝20,y＝30,z＝10   D. x＝20,y＝30,z＝20

10. 执行下面程序的输出结果是（   ）。

```
main()
{ int a = 5,b = 0,c = 0;
 if (a = a + b) printf("****\n");
 else printf("####\n");
 }
```

    A. 输出 ####   B. 有语法错误不能编译

    C. 能通过编译，但不能通过连接   D. 输出 ****

11. 若执行下面的程序从键盘上输入 5,则输出结果是（   ）。

```
main()
```

```
{int x;
 scanf(" % d",&x);
 if (x++>5) printf(" % d\n",x);
 else printf(" % d\n",x-- );
}
```

A. 6   B. 7   C. 5   D. 4

12. 以下程序的输出结果是(　　)。

```
main()
{ int a = 100;
  if (a>100) printf(" % d\n",a>100);
  else printf(" % d\n",a<=100);
}
```

A. 1   B. a<=100   C. 100   D. 0

13. 假定所有变量均已正确说明,下列程序段运行后 x 的值是(　　)。

```
a = b = c = 0;x = 35;
if (!a) x-- ;
else if (b);
if (c) x = 3;
else x = 4;
```

A. 3   B. 34   C. 35   D. 4

14. 有如下程序

```
main()
{ int a = 2,b = - 1,c = 2;
 if (a<b)
 if (b<0) c = 0;
 else c++;
 printf(" % d\n",c);
}
```

该程序的输出结果是(　　)。

A. 0   B. 1   C. 2   D. 3

15. 假定 w、x、y、z、m 均为 int 型变量,有如下程序段:

```
w = 1;x = 2;y = 3;z = 4;
m = (w<x)?w:x; m = (m<y)?m:y; m = (m<z)?m:z;
```

则该程序段执行后,m 的值是(　　)。

A. 1   B. 2   C. 3   D. 4

三、编程题

1. 试编程判断输入的正整数是否既是 5 又是 7 的整倍数。若是,则输出 yes;否则输出 no。

2. 编制程序要求输入整数 x、y 和 z,若 $x^2 + y^2 + z^2$ 大于 1000,则输出 $x^2 + y^2 + z^2$ 千位

以上的数字,否则输出三数之和。

3. 编写程序,输入三角形的三条边长,求其面积。注意:对于不合理的边长输入要输出数据错误的提示信息。

习题 6　循环控制

一、填空题

1. 在 C 语言中,循环结构又分为_____和_____。其中,条件循环包括当型的 while 结构,以及_____。计数循环则是知道循环次数的_____。

2. while 语句中,对条件表达式求值,值为 0 时为假,值为_____时为真。

3. 当执行以下程序段后,i 的值是_____、j 的值是_____、k 的值是_____。

```
int a,b,c,d,i,j,k;
a = 10; b = c = d = 5; i = j = k = 0;
for(;a > b;++b) i++;
while(a > ++c) j++;
do k++; while (a > d++);
```

4. 以下程序段的输出结果是_____。

```
int k,n,m;
n = 10;m = 1;k = 1;
while(k++ < = n) m * = 2;
printf(" % d\n",m);
```

5. 以下程序的输出结果是_____。

```
#include "stdio.h"
main()
{
int x = 2;
while(x -- );
printf(" % d\n",x);
}
```

二、选择题

1. 在 C 语言中,下列说明正确的是( )。
   A. do-while 构成的循环,当 while 中的表达式值为零时结束循环
   B. do-while 构成的循环,当 while 中的表达式值为非零时结束循环
   C. do-while 构成的循环必须用 break 才能退出
   D. 不能使用 do-while 构成循环

2. 以下叙述正确的是( )。
   A. 用 do-while 语句构成的循环,可能一次也不执行
   B. 用 do-while 语句构成的循环,至少执行一次
   C. do-while 语句构成的循环只能用 break 语句退出

D. do-while 语句构成的循环不能用其他语句构成的循环来代替

3. 若 i,j 已定义为 int 类型,则以下程序段中内循环体总的执行次数是(　　)。

```
for (i = 5;i;i-- )
for (j = 0;j < 4;j++){…}
```

A. 30 　　　　　B. 25 　　　　　C. 24 　　　　　D. 20

4. 设 i,j,k 均为 int 型变量,则执行完下面的 for 循环后,k 的值为(　　)。

```
for(i = 0,j = 10;i <= j;i++,j-- ) k = i + j;
```

A. 10 　　　　　B. 9 　　　　　C. 11 　　　　　D. 12

5. 当执行以下程序段时(　　)。

```
x = -1;
do { x = x * x;} while( !x);
```

A. 循环体将执行一次 　　　　　　　B. 循环体将执行两次
C. 循环体将执行无限次 　　　　　　D. 系统将提示有语法错误

6. 执行语句:for(i＝1;i＋＋＜4;);后变量 i 的值是(　　)。

A. 3 　　　　　B. 4 　　　　　C. 5 　　　　　D. 不定

7. 要使以下程序段输出 10 个整数,请填入一个整数(　　)。

```
for(i = 0;i <= ___;printf("％d\n",i += 2));
```

A. 18 　　　　　B. 17 　　　　　C. 20 　　　　　D. 21

8. t 为 int 型,进入下面的循环之前,t 的值为 0

```
while (t = 1) { …… }
```

则以下叙述中正确的是(　　)。

A. 循环控制表达式的值为 0 　　　　B. 循环控制表达式的值为 1
C. 循环控制表达式不合法 　　　　　D. 以上说法都不对

9. 有以下程序段

```
int k = 0;
while (k = 1) k++;
```

while 循环执行的次数是(　　)。

A. 无限次 　　　　　　　　　　　　B. 执行一次
C. 有语法错,不能执行 　　　　　　D. 一次也不执行

10. C 语言用(　　)表示逻辑"真"值。

A. true 　　　　　B. 1 　　　　　C. t 或 y 　　　　　D. 0

11. 语句 while(! e);中的条件!e 等价于(　　)。

A. e＝＝0 　　　　B. e!＝1 　　　　C. e!＝0 　　　　D. ～e

12. 以下 for 循环是(　　)。

```
for(x = 0,y = 0;(y!= 123) && (x < 4);x++)
```

A. 执行 3 次　　　　　　　　　　　　B. 无限循环

C. 循环次数不定　　　　　　　　　　D. 执行 4 次

13. 对于 for(表达式 1;;表达式 3)可理解为(　　　)。

    A. for(表达式 1;1;表达式 3)　　　　B. for(表达式 1;0;表达式 3)

    C. for(表达式 1;表达式 1;表达式 3)　　D. for(表达式 1;表达式 3;表达式 3)

14. C 语言中 while 和 do-while 循环的主要区别是(　　　)。

    A. do-while 允许从外部转到循环体内

    B. while 的循环控制条件比 do-while 的循环控制条件严格

    C. do-while 的循环体至少无条件执行一次

    D. do-while 的循环体不能是复合语句

15. 下面关于 for 循环的正确描述是(　　　)。

    A. for 循环的循环体不能是一个空语句

    B. for 循环只能用于循环次数已经确定的情况

    C. 在 for 循环中,不能用 break 语句跳出循环体

    D. for 循环的循环体可以是一个复合语句

16. 若 i 为整型变量,则以下循环语句的循环次数是(　　　)。

```
for(i = 2;i == 0;)
printf(" % d",i-- );
```

    A. 0 次　　　　　　B. 无限次　　　　　　C. 1 次　　　　　　D. 2 次

17. 以下叙述正确的是(　　　)。

    A. 从多层循环嵌套中退出时,只能使用 goto 语句

    B. continue 语句的作用是结束整个循环的执行

    C. 在循环体内使用 break 语句或 continue 语句的作用相同

    D. 只能在循环体内和 switch 语句体内使用 break 语句

18. 对下面程序段,描述正确的是(　　　)。

```
for(t = 1;t < = 100;t++)
{ scanf(" % d",&x);
 if (x < 0) continue;
 printf(" % d\n",t);
}
```

    A. 最多允许输出 100 个非负整数　　B. printf 函数永远也不执行

    C. 当 x≥0 时,什么也不输出　　　　D. 当 x<0 时,整个循环结束

19. 对下面程序段叙述正确的是(　　　)。

```
int k = 0;
while (k = 0) k = k - 1;
```

    A. 循环体被执行一次　　　　　　　B. 循环体一次也不被执行

    C. while 循环执行 10 次　　　　　　D. 无限循环

20. 若 i,j 已定义成 int 型,则以下程序段中内循环体的总执行次数是(　　)。

```
for(i = 3;i;i−−)
  for(j = 0;j < 2;j++)
    for(k = 0;k <= 2;k++)
      {…}
```

A. 30　　　　　　　B. 27　　　　　　　C. 36　　　　　　　D. 18

三、编程题

1. 编程输出:

```
            1
          1 2 1
        1 2 3 2 1
      1 2 3 4 3 2 1
    1 2 3 4 5 4 3 2 1
  1 2 3 4 5 6 5 4 3 2 1
```

2. 编程实现将小写字母变成对应的大写字母后的第二个字母,其中 y 变成 A,z 变成 B。

3. 编程实现用一元人民币换成一分、两分、五分的所有兑换方案。

4. 有 1020 个西瓜,第一天卖一半多两个,以后每天卖剩下的一半多两个,问几天后可以卖完,请编程计算。

习题 7　函　　数

一、填空题

1. _____就是将一个大的程序分解成若干个具有独立功能的模块来实现。这些具有独立功能的模块我们称之为_____。

2. 任何函数(包括 main()函数)都是由函数说明和_____两部分构成的。根据函数是否需要参数,可以将函数分为_____和_____。

3. 函数的返回值是通过_____来实现的。

4. 根据函数定义的不同,函数调用的形式大体可以分为如下三种_____、_____和函数参数。

5. 参数的传递有两种方式:_____和_____。

二、选择题

1. 若程序中定义函数

```
float myadd(float a, float b)
{ return a + b;}
```

并将其放在调用语句之后,则在调用之前应对该函数进行说明。说明中错误的是(　　)。

A. float myadd(float a,b)　　　　　　B. float myadd(float b, float a)

C. float myadd(float，float)　　　　　　D. float myadd(float a，float b)

2. 下列叙述中错误的是（　　　）。

　　A. 在其他函数中定义的变量在主函数中也不能使用

　　B. 主函数中定义的变量在整个程序中都是有效的

　　C. 形式参数也是局部变量

　　D. 复合语句中定义的变量只在该复合语句中有效

3. 若函数的形参为一维数组，则下列说法中正确的是（　　　）。

　　A. 形参数组的元素个数必须多于实参数组的元素个数

　　B. 调用函数时的对应实参必为数组名

　　C. 形参数组的元素个数必须等于实参数组的元素个数

　　D. 形参数组可以不指定大小

4. 在函数的说明和定义时若没有指出函数的类型，则（　　　）。

　　A. 系统自动地认为函数的类型为整型

　　B. 系统自动地认为函数的类型为字符型

　　C. 系统自动地认为函数的类型为实型

　　D. 编译时会出错

5. 下面叙述中正确的是（　　　）。

　　A. 对于用户自己定义的函数，在使用前必须加以说明

　　B. 说明函数时必须明确其参数类型和返回类型

　　C. 函数可以返回一个值，也可以什么值也不返回

　　D. 空函数不完成任何操作，所以在程序设计中没有用处

6. 下面正确的函数定义形式是（　　　）。

　　A. double fun(int x；int y)　　　　　　B. double fun(int x，int y)

　　C. double fun(int x，int y)；　　　　　D. double fun(int x，y)

7. 关于函数的调用，以下错误的描述是（　　　）。

　　A. 作为一个函数的形参　　　　　　　B. 出现在一个表达式中

　　C. 为一个函数的实参　　　　　　　　D. 出现在执行语句中

8. 以下不正确的说法是（　　　）。

　　A. 在函数内定义的变量只在本函数范围内有效

　　B. 形式参数是局部变量

　　C. 在函数内的复合语句中定义的变量在本函数范围内有效

　　D. 在不同函数中可以使用相同的名字的变量

9. 如果一个变量在整个程序运行期间都存在，但是仅在说明它的函数内是可见的，这个变量的存储类型应该被说明为（　　　）。

　　A. 动态变量　　　　　　　　　　　　B. 静态变量

　　C. 外部变量　　　　　　　　　　　　D. 内部变量

10. 在一个 C 源程序文件中，若要定义一个只允许在该源文件中所有函数使用的变量，则该变量需要使用的存储类别是（　　　）。

　　A. static　　　　　B. register　　　　　C. auto　　　　　D. extern

11. 有如下函数调用语句

```
func(rec1,rec2 + rec3,(rec4,rec5));
```

该函数调用语句中,含有的实参个数是(   )。

    A. 3   B. 4   C. 5   D. 有语法错

12. 以下正确的说法是(   )。

    A. 用户若需调用标准库函数,调用前必须重新定义

    B. 用户可以重新定义标准库函数,若如此,该函数将失去原有含义

    C. 系统根本不允许用户重新定义标准库函数

    D. 用户若需调用标准库函数,调用前不必使用预编译命令将该函数所在文件包括到用户源文件中,系统自动去调

13. 在 C 语言中,形参的缺省存储类是(   )。

    A. static   B. register   C. auto   D. extern

14. 以下叙述中错误的是(   )。

    A. C 程序必须有一个或一个以上的函数

    B. 函数调用可以作为一个独立的语句存在

    C. 若函数有返回值,必须通过 return 语句返回

    D. 组成函数形参的值也可以传回对应的实参

15. 在以下对 C 语言的描述中,正确的是(   )。

    A. 在 C 语言中调用函数时,只能将实参的值传递给形参,形参的值不能传递给实参

    B. C 语言的函数既可以嵌套定义又可以递归定义

    C. 函数必须有返回值,否则不能使用函数

    D. C 语言程序中有关调用关系的所有函数必须放在同一源程序文件中

三、编程题

1. 编程求出 1!+2!+3!+…+8!+9!+10! 的值并输出。

2. 已有函数调用语句 c=add(a,b);请编写 aad 函数,计算两个实数 a 和 b 的和,并返回和值。

3. 编写函数将一个字符串中每一个单词的第一个字母转换为大写。

习题 8 数 组

一、选择题

1. 下列语句中,不正确的是(   )。

    A. static char a[2]={ '1', '2', '3'};

    B. static char a[2]={ '1', '2'};

    C. static char a[2]={1,2};

    D. static char a[2]={ '1'};

2. 若给出以下定义：

char x[ ] = "abcdefg";

char y[ ] = {'a','b','c','d','e','f','g'};

则正确的叙述为（ ）。

A. 数组 x 的长度小于数组 y 的长度   B. 数组 x 和数组 y 的长度相同

C. 数组 x 和数组 y 等价   D. 数组 x 的长度大于数组 y 的长度

3. 若有数组定义：char array[ ]＝"China";则数组 array 所占的空间为（ ）。

A. 6 个字节   B. 5 个字节   C. 4 个字节   D. 7 个字节

4. 若有定义和语句：

char s[10];s = "abcd";printf(" % s\n",s);

则结果是（以下␣代表空格）（ ）。

A. 输出 a

B. 编译不通过

C. 输出 abcd␣␣␣␣

D. 输出 abcd

5. 以下程序段给数组所有的元素输入数据,横线处应填入的正确答案是（ ）。

```
#include< stdio. h>
main()
{
int a[10],i = 0;
while(i< 10) scanf(" % d",_____);
 ⋮
}
```

A. &a[++i]   B. &a[i+1]   C. a+i   D. a+(i++)

6. 执行下面的程序段后,变量 k 中的值为（ ）。

```
int k = 3, s[2];
s[0] = k; k = s[1] * 10;
```

A. 不定值   B. 33   C. 30   D. 10

7. 运行下面的程序,如果从键盘上输入:123<空格>456<空格>789<回车>,输出结果是（ ）。

```
main()
{
 char s[100]; int c, i;
 scanf(" % c",&c); scanf(" % d",&i); scanf(" % s",s);
 printf(" % c, % d, % s\n",c,i,s);
 }
```

A. 1,456,789   B. 1,23,456   C. 1,23,456,789   D. 123,456,789

8. 运行下面的程序,如果从键盘输入:ABC 时,输出的结果是（ ）。

```
#include< string. h>
main()
```

```
{
char ss[10] = "12345";
strcat(ss, "6789" );
gets(ss);printf(" % s\n",ss);
    }
```

A. 123456ABC　　　B. ABC9　　　C. ABC　　　D. ABC456789

9. 下列程序的主要功能是输入 10 个整数存入数组 a,再输入一个整数 x,在数组 a 中查找 x。找到则输出 x 在 10 个整数中的序号(从 1 开始);找不到则输出 0。横线上应填入的正确答案是(　　)。

```
main()
{
int i,a[10],x,flag = 0;
for(i = 0;i < 10;i++)
    scanf(" % d",&a[i]);
scanf(" % d",&x);
for(i = 0;i < 10;i++)
    if _____
      {flag = i + 1; break;}
printf(" % d\n", flag);
}
```

A. !(x—a[i])　　　B. x!=a[i]　　　C. x—a[i]　　　D. !x—a[i]

10. 若有以下数组定义,其中正确的是(　　)。
    A. int　b[1][3]={0,1,2,3};
    B. int　a[2][3];
    C. int　c[][]={0};
    D. int　d[3][3]={{1,2},{1,2,3},{1,2,3,4}};

11. 若有以下的定义:int t[5][4];不能正确引用 t 数组的表达式是(　　)。
    A. t[5][4]　　B. t[0][0]　　C. t[2][0]　　D. t[1][0]

12. 在定义 int　m[ ][3]={1,2,3,4,5,6};后,m[1][2]的值是(　　)。
    A. 1　　B. 6　　C. 2　　D. 5

13. 在定义数组 int n[5][6]后,第 5 个元素是(　　)。
    A. n[2][5]　　B. n[2][4]　　C. n[0][4]　　D. n[1][4]

14. 若二维数组 c 有 m 列,则计算任一元素 c[j][k]在数组中的位置的公式为(　　)。(假设 c[0][0]位于数组的第一个位置)
    A. j*m+k　　B. k*m+j　　C. j*m+k—1　　D. j*m+k+1

15. 若有以下定义语句,则表达式"x[1][1] * x[2][2]"的值是(　　)。
    float x[3][3] = {{1.0,2.0,3.0},{4.0,5.0,6.0}};
    A. 0.0　　B. 4.0　　C. 5.0　　D. 6.0

二、写出以下各程序的运行结果

1. ```
   main()
   {
   int i, a[10];
   for(i = 9;i >= 0;i -- ) a[i] = 10 - i;
   printf("%d%d%d",a[2],a[5],a[8]);
   }
   ```

2. ```
   main()
   {
   int n[5] = {0,0,0},i,k = 2;
   for(i = 0;i < k;i++) n[i] = n[i] + 1;
   printf("%d\n",n[k]);
   }
   ```

3. ```
   main()
   {
   int y = 18,i = 0,j,a[8];
   do
   { a[i] = y%2; i++;
   y = y/2;
   } while(y >= 1);
   for(j = i - 1;j >= 0;j -- ) printf("%d",a[j]);
   printf("\n");}
   ```

4. ```
   main()
   {
   int a[10], a1[ ] = {1,3,6,9,10}, a2[ ] = {2,4,7,8,15},i = 0,j = 0,k;
   for(k = 0;k < 4;k++)
   if(a1[i] < a2[j])     a[k] = a1[i++];
   else                  a[k] = a2[j++];
   for(k = 0;k < 4;k++) printf("%d",a[k]);
   }
   ```

5. ```
   main()
   {
   int i,k,a[10],p[3];
   k = 5;
   for (i = 0;i < 10;i++) a[i] = i;
   for (i = 0;i < 3;i++) p[i] = a[i * (i + 1)];
   for (i = 0;i < 3;i++) k += p[i] * 2;
   printf("%d\n",k);
   }
   ```

6. ```
   main()
   {
   int n[3],i,j,k;
   for(i = 0;i < 3;i++)
   n[i] = 0;
   ```

```
k = 2;
for (i = 0;i < k;i++)
    for (j = 0;j < k;j++)
        n[j] = n[i] + 1;
printf("%d\n",n[1]);        }
```

7. ```
main()
{
int a[4][4] = {{1,3,5},{2,4,6},{3,5,7}};
printf("%d%d%d%d\n",a[0][3],a[1][2],a[2][1],a[3][0]);
}
```

8. ```
main()
{
int aa[4][4] = {{1,2,3,4},{5,6,7,8},{3,9,10,2},{4,2,9,6}};
int i,s = 0;
for(i = 0;i < 4;i++) s += aa[i][1];
printf("%d\n",s);
}
```

9. ```
main()
{
int a[3][3] = {{1,2},{3,4},{5,6}},i,j,s = 0;
for(i = 1;i < 3;i++)
for(j = 0;j <= i;j++) s += a[i][j];
printf("%d\n",s);
}
```

10. ```
main()
{
char ch[7] = { "65ab21"};
int i,s = 0;
for(i = 0;ch[i] >= '0'&&ch[i] <= '9';i += 2)
s = 10 * s + ch[i] - '0';
printf("%d\n",s);
}
```

三、编程题

1. 输入一串字符,将其中 ASCII 码值为奇数的字符排序后输出(按由小到大的顺序)。

2. 求一个 5×5 矩阵中的马鞍数,输出它的位置,所谓马鞍数是指在行上最小而在列上最大的数。如下矩阵:

$$\begin{bmatrix} 5 & 6 & 7 & 8 & 9 \\ 4 & 5 & 6 & 7 & 8 \\ 3 & 4 & 5 & 2 & 1 \\ 2 & 3 & 4 & 9 & 0 \\ 1 & 2 & 5 & 4 & 8 \end{bmatrix}$$

则 1 行 1 列上的数就是马鞍数。

3. 写程序,把从键盘输入的一个数字字符串转换为一个整数并输出。例如,若输入字符串"−1234",则函数把它转换为整数值−1234。要求：不得调用 C 语言提供的将字符串转换为整数的函数。

4. 编写程序,将二维数组 a[N][M]中每个元素向右移一列,最右一列换到最左一列,移动后的数组存到另一个二维数组 b 中,原数组保持不变。例如:

$$a = \begin{bmatrix} 4 & 5 & 6 \\ 1 & 2 & 3 \end{bmatrix} \quad b = \begin{bmatrix} 6 & 4 & 5 \\ 3 & 1 & 2 \end{bmatrix}$$

习题9 指 针

一、选择题

1. 有以下函数

```
char * fun(char * p)
{ return p; }
```

该函数的返回值是(　　　)。

A. 形参 p 中存放的地址值　　　　　　B. 无确切的值

C. 一个临时存储单元的值　　　　　　D. 形参 p 自身的地址值

2. 有如下说明

int a[10]={1,2,3,4,5,6,7,8,9,10}, * p=a;则数值为 9 的表达式是(　　　)。

A. * (p+9)　　　　B. * (p+8)　　　　C. * p+=9　　　　D. p+8

3. 下列程序的输出结果是(　　　)。

```
main()
{ char a[10]={9,8,7,6,5,4,3,2,1,0}, * p=a+5;
 printf("%d", * --p);
}
```

A. 3　　　　　　　B. a[4]的地址　　　　C. 5　　　　　　D. 非法

4. 下面程序的输出结果是(　　　)。

```
main()
{ int a[]={1,2,3,4,5,6,7,8,9,0}, * p;
 p=a;
 printf("%d\n", * p+9);
}
```

A. 10　　　　　　B. 0　　　　　　　C. 1　　　　　　　D. 9

5. 设有定义语句"int a=3,b, * p=&a;",则下列语句中使 b 不为 3 的语句是(　　　)。

A. b=a;　　　　　B. b= * &a;　　　　C. b= * p;　　　　D. b= * a;

6. 设指针 x 指向的整型变量值为 25,则 printf("%d\n",++ * x);的输出是(　　　)。

A. 23　　　　　　B. 26　　　　　　　C. 24　　　　　　D. 25

7. 若有说明语句"int I,j=7, * p=&I,",则与 i=j 等价的语句是(　　　)。

A. i= ** p;　　　　B. i= * p;　　　　C. i=&j;　　　　D. * p= * &j;

8. 若有说明语句"int a[10], * p＝a;",对数组元素的正确引用是(   )。

    A. * (p+2)　　　　　　　B. a[p]　　　　　　　C. p[a]　　　　　　　D. p+2

9. 下列各语句行中,能正确进行赋字符串操作的语句是(   )。

    A. char s[5]＝{'A','B','C','D','E'};

    B. char s[5]＝{"ABCDE"};

    C. char * s; s＝"ABCDE";

    D. char * s; scanf("%s",&s);

10. 若有以下定义语句,则不能表示 a 数组元素的表达式是(   )。

```
int a[10] = {1,2,3,4,5,6,7,8,9,10}, * p = a;
```

    A. a[10]　　　　　　　B. * p　　　　　　　C. * a　　　　　　　D. a[p-a]

11. 若有以下定义语句,则值为 3 的表达式是(   )。

```
int a[10] = {1,2,3,4,5,6,7,8,9,10}, * p = a;
```

    A. p+=3 , * p++　　　　　　　　　　B. p+=2, * ++p

    C. p+=2 , * (p++)　　　　　　　　　D. p+=2,++ * p

12. 执行语句"char a[10]＝{"abcd"}, * p＝a;"后, * (p+4)的值是(   )。

    A. "abcd"　　　　　　　B. '\0'　　　　　　　C. 'd'　　　　　　　D. 不能确定

13. 设有定义语句"int (* ptr)[10];",其中的 ptr 是(   )。

    A. 一个指向具有 10 个元素的一维数组的指针

    B. 10 个指向整型变量的指针

    C. 指向 10 个整型变量的函数指针

    D. 具有 10 个指针元素的一维数组

14. 若有如下定义和语句,则输出结果是(   )。

```
char * a = "ABCD";printf("%s",a);
```

    A. ABC　　　　　　　B. A　　　　　　　C. AB　　　　　　　D. ABCD

15. 设有两条语句"int a, * p＝&a;"和" * P＝a;",则下列说法中正确的是(   )。

    A. 第 1 条语句中的" * P＝&a"是定义指针变量 P 并对其初始化

    B. 两条语句中的" * P"含义完全相同

    C. 两条语句中的" * P＝&a"和" * p＝a"功能完全相同

    D. 第 2 条语句中的" * P＝a"是将 a 的值赋予变量 P

二、写出以下各程序的运行结果

1.
```
#include < stdio. h>
main()
{
char * p1, * p2,str[50] = "xyz";
p1 = "abcd";p2 = "ABCD";
strcpy(str + 2,strcat(p1 + 2,p2 + 1));
printf(" % s",str);
}
```

2.
```c
#include<stdio.h>
main()
{
int a[]={2,4,6,8,10};
int y=1,x,*p;
p=&a[1];
for(x=0;x<3;x++)
y+=*(p+x);
printf("%d\n",y);
}
```

3.
```c
#include<stdio.h>
int fun(int x,int y,int *cp,int *dp)
{*cp=x+y;*dp=x-y;}
main()
{
int a,b,c,d;
a=30;b=50;
fun(a,b,&c,&d);
printf("%d,%d\n",c,d);
}
```

4.
```c
#include<stdio.h>
void func(int *a,int b[])
{b[0]=*a+6;}
main()
{
int a,b[5];
a=0;b[0]=3;
func(&a,b);
printf("%d\n",b[0]);
}
```

5.
```c
#include<stdio.h>
int b=2;
int func(*a)
{b+=*a;return(b);}
main()
{
int a=2,res=2;
res+=func(&a);
printf("%d\n",res);
}
```

三、编程题

1. 用指针指向两个变量,通过指针运算选出值小的那个数。

2. 调用 swap 函数,交换主函数中变量 x 和 y 中的数据。

3. 编写函数 order(int *a ,int *b),使调用函数中的第一实参总是存放两个数中的较小的数,第二个参数存放两个数中较大的数。

4. 编写函数 myadd(int *a ,int *b),函数中把指针 a 和 b 所指的存储单元中的两个值相加,然后将和值作为函数值返回。在主函数中输入两个数给变量,把变量地址作为实参,传送给对应的实参。

习题 10 字 符 串

一、选择题

1. C 语言中,字符数组的初始化正确的为(   )。
    A. char   a[]={'a','b','c'};   B. char   a[3]={'a','b','c','d'};
    C. char   a[3]="abc";   D. char   a[3]='abc';

2. C 语言中,字符数组的初始化正确的为(   )。
    A. char   a[10], a="computer";   B. char   a[10]="computer";
    C. char   a[10]="I love computer";   D. char   a[10]='computer';

3. C 语言中,字符数组的初始化正确的为(   )。
    A. char   a[10]={"computer"};   B. char   a[10]=b[10]="computer";
    C. char   a[10]="I love computer";   D. char   a[10]='computer';

4. C 语言中,字符数组的整串输入正确的为(   )。
    A. char   *p; scanf("%s", *p);   B. char   p[10]; scanf("%s",p[10]);
    C. char   *p; scanf("%c",p);   D. char   *p; scanf("%s", p);

5. C 语言中,字符数组的整串输入正确的为(   )。
    A. char   *p; scanf("%c",p);   B. char   p[10]; scanf("%s",p[10]);
    C. char   p[10]; scanf("%s",p);   D. char   *p; scanf("%s", *p);

6. C 语言中,字符数组的整串输入正确的为(   )。
    A. char   p[10]; scanf("%s", *p);   B. char   p[10]; scanf("%s", p);
    C. char   *p; scanf("%c",p[]);   D. char   *p; scanf("%s", *p);

7. C 语言中,字符数组的整串输出正确的为(   )。
    A. char   p[10]= "computer"; printf("%s",&p);
    B. char   p[10]= "computer"; printf("%s", *p);
    C. char   p[10]= "computer"; printf("%s",p);
    D. char   p[10]= "computer"; printf("%c",p);

8. C 语言中,字符数组的整串输出正确的为(   )。
    A. char   p[10]= "computer"; printf("%s",&p[0]);
    B. char   p[10]= "computer"; printf("%s", *p);
    C. char   p[10]= "computer"; printf("%s",&p);
    D. char   p[10]= "computer"; printf("%c",p);

9. C 语言中,以下指针变量的初始化正确的为(   )。
    A. char   *p[10]= "computer", *q= *p;
    B. char   p[10]= "computer", *q=&p;
    C. char   p[10]= "computer", *q= *p;

D. char　＊p＝"computer";

10. C语言中,以下指针变量的初始化正确的为(　　　)。

　　A. char　p[10]＝"computer",＊q＝p;

　　B. char　p[10]＝"computer",＊q＝&p;

　　C. char　p[10]＝"computer",＊q＝＊p;

　　D. char　＊p[10]＝"computer",＊q＝＊p;

11. C语言中,以下语句正确的为(　　　)。

　　A. char　＊p;　p＝'computer';

　　B. char　＊p;　p＝"computer";

　　C. char　p[10]＝"computer",＊q;　q＝p[0];

　　D. char　＊p[10]＝"computer",＊q;　＊q＝＊p;

12. C语言中,以下字符串数组的定义语句正确的为(　　　)。

　　A. char　name[10][80];　　　　　　　B. char　name[ ][80];

　　C. char　name[10][];　　　　　　　　D. char　name[][];

13. C语言中,以下字符串数组的定义语句正确的为(　　　)。

　　A. char　name[3][5]＝{ "aaa","bbbb","ccccc"};

　　B. char　name[3][]＝{ "a","bb","ccc"};

　　C. char　name[][5]＝{ "a","bb","ccc"};

　　D. char　name[2][5]＝{ "a","bb","ccc"};

14. C语言中,以下字符串数组的定义语句正确的为(　　　)。

　　A. char　＊pa[2]＝{ "a","bb","ccc"};

　　B. char　＊pa[3]＝{ "a","bb","ccc","dddd"};

　　C. char　pa[3]＝{ "aaa","bbbb","ccccc"};

　　D. char　＊pa[3]＝{ "a","bb","ccc"};

15. 有下面的程序段:

char　str[10],ch[]＝"China";
str＝ch; printf("％s",str);

　　则运行时(　　　)。

　　A. 编译出错　　　　　　　　　　　　B. 将输出 Ch

　　C. 将输出 Chi　　　　　　　　　　　D. 将输出 China

二、写出以下各程序的运行结果

1. #include＜stdio.h＞
    void main()
    {
      char ch; ch＝'A'＋'5'－'3';
      printf("％c,％d",ch,ch);
    }

2. ```c
#include < stdio.h>
void main()
{
  char s[] = "abcdef";
  s[3] = '\0';
  printf("% s\n",s);
}
```

3. ```c
#include < stdio.h>
void main()
{
  char ch[7] = {"65ab21"};
  int i, s = 0;
  for(i = 0; ch[i]> = '0'&&ch[i]< = '9';i++)
  s = 10 * s + ch[i] - '0';
  printf("% d\n",s);
}
```

4. ```c
#include < stdio.h>
void main()
{
  char * s = "abcde"; s += 2;
  printf("% c\n", * s);
}
```

5. ```c
#include < stdio.h>
void main()
{
  char a[] = "Language",b[] = "Programe";
  char * p1, * p2;
  int k;
  p1 = a; p2 = b;
  for(k = 0;k < = 7;k++)
  if( * (p1 + k) == * (p2 + k))
  printf("% c", * (p1 + k));
}
```

三、编程题

1. 编写函数 fun,其功能是：实现两个字符串的连接(不要使用库函数 strcat),即把 p2 所指的字符串连接到 p1 所指的字符串的后面。

2. 编写函数 fun,其功能是：求 ss 所指字符串中指定字符的个数,并返回此值。

3. 编写函数 fun,其功能是：比较字符串的长度(不得使用 C 语言提供的求字符串长度的函数),函数返回较长的字符串。若两个字符长度相同,则返回第一个字符串。

4. 请编写函数 fun,其功能是：将一个数字字符串转换为一个整数(不得调用 C 语言提供的将字符串转换为整数的函数)。例如,若输入字符串"－1234",则函数把它转换为整数值－1234。

习题 11　结　构　体

一、选择题

1. 根据下面的定义,能打印出字符串"Mary"的语句是(　　　)。

```
struct person { char name[9]; int age;};
struct person class[10] = {"John",17, "Paul",19,"Mary",18, "Adam",16};
```

   A. printf("％s\n",class[2]. name);

   B. printf("％s\n",class[2]. name[0]);

   C. printf("％s\n",class[3]. name[0]);

   D. printf("％s\n",class[3]. name);

2. 设有变量定义

```
struct stu
{
int age;
int num;
}std, * p = &std;
```

不能正确引用结构体变量 std 中成员 age 的表达式是(　　　)。

   A. p—＞age　　　　B. (＊p). age　　　　C. ＊p. age　　　　D. std. age

3. 设有以下语句:

```
struct st {int n; struct st * next;};
static struct st a[3] = {5,&a[1],7,&a[2],9,'\0'}, * p;
p = &a[0];
```

则表达式(　　　)的值是 6。

   A. p—＞n＋1　　　　B. (＊p). n++　　　　C. p—＞n++　　　　D. p++ —＞n

4. 定义以下结构体数组

```
struct date
{
int year;
int month;
};
struct s
{
 struct date birth;
 char name[20];
}x[4] = {{2008,8,"hangzhou"},{2009,3,"Tianjin"}};
```

语句 printf("％s,％d",x[1]. name,x[1]. birth. year);的输出结果为(　　　)。

   A. i,2009　　　　　　　　　　　　B. a,2008

   C. hangzhou,2008　　　　　　　　D. Tianjin,2009

5. 根据下面的定义,能输出字符 M 的语句是(　　)。

```
struct person
{
char name[9];
int age;
};
struct person class[5] = {"John",17,"Paul",19,"Mary",18,"Adam",16};
```

    A. printf("%c\n",class[1].name);

    B. printf("%c\n",class[2].name[0]);

    C. printf("%s\n",class[0].name[0]);

    D. printf("%s\n",class[3].name);

6. 如果有下面的定义和赋值,

```
struct SNode
{
unsigned id;
int data;
}n, * p;
p = &n;
```

则使用(　　)可以输出 n 中 data 的值。

    A. (* p). data　　　　B. n->data　　　　C. * p. data　　　　D. p. data

7. 已知有如下定义:

```
struct a{char x; double y;}data, * t;
```

若有 t = &data,则对 data 中的成员的不正确引用是(　　)。

    A. (* t). x　　　　B. (* t)->x　　　　C. t->x　　　　D. data. x

8. 有以下定义:

```
struct person {char name[9];int age;};
struct person class[10] = { "Johu",17, "Paul",19, "Mary",18, "Adam",16};
```

则下面能够输出字符串"Mary"的语句是(　　)。

    A. printf("%s\n",class[0].name[0]);　　B. printf("%c\n",class[3].name);

    C. printf("%c\n",class[2].name);　　　　D. printf("%s\n",class[3].name);

9. 有以下程序:

```
#include <stdio.h>
main()
{
struct cmplx{int x;int y;} cunu[2] = {1,3,2,7};
printf("%d\n",cunu[0].y/cunu[0].x * cunu[1].y);
}
```

程序的运行结果是(　　)。

    A. 0　　　　　　　B. 6　　　　　　　C. 7/3　　　　　　　D. 21

10. 设有如下定义：

```
struct sk
{ int a;
float b;
} data;
```

下面选项中正确定义指针变量，并指向 data 变量的是（   ）。

A. struct sk * p; p=&data;   B. struct sk p; p=&data;

C. struct sk * p; p=data;   D. struct sk * p; p=data;

11. 设有如下定义：

```
struct sk
{ int a;
float b;
} data;
```

下面选项中正确定义指针变量，并指向 data 变量 a 成员的是（   ）。

A. int   * p; p=data. a;   B. int   * p; p=&data. a;

C. int   p; p=&data. a;   D. int   p; p=data. a;

12. 设有以下说明语句

```
struct uu
{ int n;
char ch[8];
} PER;
```

则下面叙述中正确的是（   ）。

A. PER 是结构体变量名   B. PER 是结构体标识名

C. struct uu 是结构体变量名   D. struct 是结构体标识名

13. 对于下面程序段的分析，以下 4 个选项中正确的是（   ）。

```
struct abc
{ int a, b, c, s; };
main()
{ struct abc s[2] = {{1,2,3},{4,5,6}}; int t;
t = s[0]. a + s[1]. b;
printf("% d\n",t);
}
```

A. 数组 s 占 32 个字节的存储空间   B. 数组 s 占 36 个字节的存储空间

C. t 的值为 2   D. t 的值为 8

14. 设有如下程序定义：

```
main()
{ struct cmplx { int x; int y; } cnum[2] = {1,3,2,7};
printf("% d\n",cnum[0]. y /cnum[0]. x * cnum[1]. x);}
```

则以下说法正确的是(　　　)。

A. 数组 cnum 有 6 个元素　　　　　　B. 数组 cnum 有 4 个元素

C. 数组 cnum 有 2 个元素　　　　　　D. 编译错误

15. 设有以下语句:

```
struct st {int n; struct st * next;};
static struct st a[3] = {5,&a[1],7,&a[2],9,'\0'}, * p;
p = &a[0];
```

则表达式(　　　)的值是 6。

A. ++p->n　　　B. (*p).n++　　　C. p->n++　　　D. p++ ->n

二、写出以下各程序运行的结果

1.
```
#include "stdio.h"
main()
{ struct date
{ int year,month,day; } today;
printf("%d\n",sizeof(struct date));
}
```

2.
```
struct st
{ int x; int * y;} * p;
int dt[4] = { 10,20,30,40 };
struct st aa[4] = { 50,&dt[0],60,&dt[0],60,&dt[0],60,&dt[0]};
main()
{ p = aa;
printf("%d\n",++(p->x));
}
```

3.
```
struct abc
{ int a, b, c, s; };
main()
{ struct abc s[2] = {{1,2,3},{4,5,6}}; int t;
t = s[0].a + s[1].c;
printf("%d\n",t);
}
```

4.
```
struct country
{ int num;
char name[10];
}x[5] = {1,"China",2,"USA",3,"France",4, "England",5, "Spanish"};
struct country * p;
p = x + 2;
printf("%d, %c",p->num,(*p).name[2]);
```

5.
```
struct KeyWord
{
char Key[20];
int ID;
```

```
}kw[ ] = {"void",1,"char",2,"int",3,"float",4,"double",5};
main()
{
printf(" % c, % d\n",kw[3].Key[0], kw[3].ID);
}
```

三、编程题

1. 输入 5 位同学的一组信息，包括学号、姓名、数学成绩、计算机成绩，求得每位同学的平均分和总分，然后按照总分从高到低排序。

2. 定义一个结构体变量（包括年、月、日）。编写一个函数 days，计算该日期在本年中是第几天（注意闰年问题）。由主函数将年月日传递给 days 函数，计算之后，将结果传回到主函数输出。

第14章 参考答案

14.1 课程实训部分

实验二 编程初步——编程提高

1. 参考程序：

```
#include < stdio. h>
int main()
{int a,b;
 printf("a = 2,b = a * 3 + 2,a++,b + 3,a - b&&a + b,(a += 2) + (b += 2)的值 % d\n",
 (a = 2,b = a * 3 + 2,a++,b + 3,a - b&&a + b,(a += 2) + (b += 2)));
}
```

2. 参考程序：

```
#include < stdio. h>
int main()
{int m = 0,n = 1;
 printf(" - - m&&n++ ‖ m + n > m - n 的值 % d\n",( -- m&&n++ ‖ m + n > m - n));
}
```

实验三 基本数据类型变量——编程提高

1. 参考程序：

```
#include "stdio. h"
void main()
{
char c;
printf("please input a char of '0 - 9':");
scanf(" % c", &c);
printf("The char is % c\n",c);
printf("The number changed by the char is % d\n", c - 0x30);
}
```

2. 参考程序：

```
#include "stdio. h"
```

```
void main()
{
float rmb,dollars;
scanf("Please input the number of the rmb: % f",&rmb);
dollars = rmb/6.209;
printf("Dollars = % f,RMB = % f\n",dollars,rmb);
}
```

实验四　基本输入输出语句——编程提高

1. 参考程序：

```
#include "stdio.h"
void main()
{
float num1,num2;
printf("Please input two nummers:");
scanf(" % f % f",&num1,&num2);
printf("乘数 1 * 乘数 2 = % f\n",num1 * num2);
}
```

2. 参考程序：

```
#include "stdio.h"
void main()
{
char name[10],sex[5];
int age;
float score;
printf("please input name、age、sex、score:\n");
scanf(" % s % d % s % f",name,&age,sex,&score);
printf("Name     age     sex     score\n");
printf(" % s      % d     % s     % f\n",name,age,sex,score);
}
```

实验五　条件判断语句——编程提高

1. 参考程序：

```
#include "stdio.h"
void main()
{int x,score;
printf("Please input the score:");
scanf(" % d",&score);
x = score/10;
switch(x)
    {
```

```
        case 9:
                printf("A");
                break;
        case 8:
                printf("B");
                break;
        case 7:
                printf("B");
                break;
        case 6:
                printf("B");
                break;
        default:
                printf("C");
                break;
    }
}
```

2. 参考程序:

```
#include < stdio. h>
void main()
{
long int i;
int bonus1,bonus2,bonus4,bonus6,bonus10,bonus;
printf("Please enter the profit: ");
scanf(" % ld", &i);
bonus1 = 100000 * 0.1;
bonus2 = bonus1 + 100000 * 0.075;
bonus4 = bonus2 + 200000 * 0.05;
bonus6 = bonus4 + 200000 * 0.03;
bonus10 = bonus6 + 400000 * 0.015;
if(i <= 100000)
bonus = i * 0.1;
else if(i <= 200000)
bonus = bonus1 + (i - 100000) * 0.075;
else if(i <= 400000)
bonus = bonus2 + (i - 200000) * 0.05;
else if(i <= 600000)
bonus = bonus4 + (i - 400000) * 0.03;
else if(i <= 1000000)
bonus = bonus6 + (i - 600000) * 0.015;
else
bonus = bonus10 + (i - 1000000) * 0.01;
printf("Bonus = % d\n", bonus);
}
```

实验六　循环控制——编程提高

1. 参考程序：

```c
#include "stdio.h"
void main()
{
int x, flag = 0;
for(x = 100; x <= 200; x++)
if(x % 4 == 2&&x % 7 == 3&&x % 9 == 5)
{
  flag = 1;
  break;
}
  if(flag) printf("x = % d\n", x);
  else printf("no answer! \n");
}
```

2. 参考程序：

```c
#include < stdio. h >
int main()
{
char i, j, k;
for(i = 'x'; i <= 'z'; i++)
  for(j = 'x'; j <= 'z'; j++)
    if(i!= j)
    for(k = 'x'; k <= 'z'; k++)
      if(i!= k&&j!= k)
        if(i!= x&&k!= 'x'&&k!= 'z')
            printf("A -- % c\nB -- % c\nC -- % c\n", i, j, k);
return 0;
}
```

实验七　函数——编程提高

1. 参考程序：

```c
#include "stdio. h"
#include "string. h"
int alph, digit, space, others;
void count(char * p)
{
int i;
for(i = 0; i < p. lenght; i++)
  {
   if(( * p>'a')&&( * p<'z') ‖ ( * p>'A')&&( * p<'Z')) alph++;
```

```
      else if((*p>'0')&&(*p<'9')) digit++;
      else if(*p==' ') space++;
      else others++;
   }
}
void main()
{
char text[80];
printf("\n 请输入一个字符串:\n");
gets(text);
alph = digit = space = others = 0;
count(text);
printf("\n %d个字母, %d个数字, %d个空格, %d个其他字符\n",alph,digit,space,others);
}
```

2. 参考程序：

```
#include "stdio.h"
int Fibonac(int n)
{
int t1,t2;
if(n>0)
{
   if(n==1 || n==2)
       return 1;
   else
     {
     t1 = Fibonac(n-1);
     t2 = Fibonac(n-2);
     return t1+t2;
}
}
}
void main()
{int i;
 scanf("%d",&i);
 Fibonac(i);
}
```

实验八 数组——编程提高

1. 参考程序：

```
void func(int *array, int n)
{
    int i = 0;
    for( i = n; i < 10; i++ )
```

```
            array[i - 1] = array[i];

        for(i = 0; i < 10; i++ )
            printf( "%d", array[i]);

        printf( "\n" );
    }
```

2. 参考程序：

```
#include < stdio. h>
void main(){
    int a[3][4], max, maxi = 0, maxj = 0, i, j;
printf("请输入:\n");
    for(i = 0; i < 3; i++)
        for(j = 0; j < 4; j++)
            scanf("%d", &a[i][j]);
    max = a[0][0];
    for(i = 0; i < 3; i++)
        for(j = 0; j < 4; j++)
        if(max < a[i][j]){
            max = a[i][j];
            maxi = i; maxj = j;
        }
        printf("该二维数组中的最大元素的值为 %d,其在第 %d 行 第 %d 列\n", max, maxi + 1, maxj + 1);
}
```

实验九　　指针——编程提高

1. 参考程序：

```
#include < stdio. h>
void fun(float * a, float * b, float * sum, float * sub)
{
  * sum = * a + * b;
  * sub = * a - * b;
}
int main()
{
float a = 12. 01, b = 22. 22;
float sum, sub;
fun(&a, &b, &sum, &sub);
printf("sum = %f sub = %f", sum, sub);
return 0;
}
```

2. 参考程序：

```c
void func(int * x, int * y, int * z, int * max, int * min)
{
if( * x > * y)
{ * max = ( * x > * z)? * x: * z;
  * min = ( * y > * z)? * z: * x;
}
else
{
  * max = ( * y > * z)? * y: * z;
  * min = ( * x > * z)? * z: * x;
  }
}
void main()
{
int a, b, c, max, min;
scanf(" % d % d % d", &a, &b, &c);
func(&a, &b, &c, &max, &min);
printf("max = % d min = % d\n", max, min);
}
```

实验十　字符串——编程提高

1. 参考程序：

```c
#include < stdio. h >
#include < stdio. h >
#define N 10
void main()
{
    char * str[N], * sp;
    int i;
    for(i = 0; i < N; i++)
    {
        char temp[100];
        str[i] = (char * )malloc(sizeof(temp) + 1);
        gets(str[i]);
    }
    sp = str[0];
    for(i = 1; i < N; i++)
    if(strlen(sp) < strlen(str[i]))
    {
        char * p = sp;
        free(sp);
        sp = (char * )malloc(sizeof(char) + 1);
```

```c
            strcpy(sp,str[i]);
            strcpy(str[i],p);
        }
        printf("sp = % d, % s",strlen(sp),sp);
}
```

2. 参考程序：

```c
#include < stdio. h >
#include < string. h >
#define IS_PALINDROME 1
#define IS_NOT_PALINDROME 0
#define STR_YES "yes"
#define STR_NO "no"
#define MAX_SIZE 80
int isPalindrome(char str[]);
int main()
{
    char str[MAX_SIZE + 1];
    printf("请输入一个字符串: \n");
    gets(str);
    if (isPalindrome(str) == IS_PALINDROME)
    {
        printf(STR_YES);
    }
    else
    {
        printf(STR_NO);
    }
    return 0;
}
int isPalindrome(char str[])
{
    int length = 0;                        /* 字符串长度 */
    int i = 0;
    if ((length = strlen(str)) <= 0)
    {
        return IS_NOT_PALINDROME;
    }
    else
    {
        for (i = 0; i < length / 2; i++)
        {
            if (str[i] != str[length - 1 - i])
            {
                return IS_NOT_PALINDROME;
```

```
            }
        }
    }
    return IS_PALINDROME;
}
```

实验十一　结构体——编程提高

1. 参考程序：

```c
#include < stdio. h>
#include < string. h>
struct person
{
 char name[10];
 int count;
}leader[3] = {"li",0,"wang",0,"zhao",0};

void main()
{
 struct person * p;
 int i,j;
 char choose[10];
 for(i = 1;i < = 10;i++)
 {
  scanf(" % s",choose);
  p = leader;
  for(j = 0;j < 3;j++)
  {
   if(strcmp(choose,p - > name) == 0)
    {
     p - > count++;
     break;
    }
   p++;
  }
 }
 for(i = 0;i < 3;i++)
   printf(" % s:\t 共计 % d 票\n",leader[i].name,leader[i].count);
}
```

2. 参考程序：

```c
#include "stdio. h"
#include "stdlib. h"
#define LEN sizeof(struct Student)
struct Student
```

```
{
long num;
float score;
struct Student * next;
};
int n;
struct Student * creat(void)
{
struct Student * head;
struct Student * p1, * p2;
n = 0;
p1 = p2 = (struct Student * )malloc(LEN);
scanf(" % ld, % f",&p1 - > num,&p1 - > score);
head = NULL;
while(p1 - > num!= 0)
{
 n = n + 1;
 if(n == 1) head = p1;
 else p2 - > next = p1;
 p1 = (struct Student * )malloc(LEN);
 scanf(" % ld, % f",&p1 - > num,&p1 - > score);
}
p2 - > next = NULL;
return(head);
}

int main()
{
struct Student * pt;
pt = creat();
printf("\nnum: % ld\nscore: % 5.1f\n",pt - > num,pt - > score);
return 0;
}
```

14.2　第 13 章习题参考答案

习题 1　编程预备知识

一、填空题
1. 编程语言
2. 编程语言
3. 机器语言　汇编语言　高级语言
4. 二进制

5. 指令部分　数据部分

6. 低级语言

7. 汇编语言

8. 汇编语言　高级语言

9. 硬件系统　软件系统

10. 控制器　存储器

11. 系统软件　应用软件

12. 存储器　内存地址

13. 字节(Byte)　位　字节　位

14. 8　8

15. 11101011

16. 171.75

17. $(205)_{16}$ ＝ (___517___)$_{10}$ ＝ (___1000000101___)$_2$ ＝ (___1005___)$_8$

　　(___3BD___)$_{16}$ ＝ (___957___)$_{10}$ ＝ (___1110111101___)$_2$ ＝ (___1675___)$_8$

　　(___B5.D___)$_{16}$ ＝ (___181.13___)$_{10}$ ＝ (___10110101.1101___)$_2$ ＝ (265.15)$_8$

　　$(F5.C)_{16}$ ＝ $(245.12)_{10}$ ＝ $(11110101.1100)_2$ ＝ $(365.14)_8$

二、选择题

1. C　2. A　3. B　4. A　5. D　6. A　7. D　8. B　9. A　10. B

11. A　12. C　13. B　14. A　15. D　16. A　17. A　18. D　19. C　20. A

习题 2　编程初步

一、填空题

1. .exe

2. .c　.obj　.exe

3. /*　*/

4. 注释

5. 空格　嵌套

6. stdio.h

7. main()　函数头　函数体

8. 主函数

9. 函数

10. ;

11. 常量

12. 整型常量　实型常量　字符串常量

13. 八进制　十六进制

14. 小数形式　指数形式

15. 普通字符　转义字符

16. 双引号

17. 取整运算　整数

18. ＝　　==　　!=

19. −4＜x&&x＜4

分析：|x|＜4 表示 x 的数值是处于−4～4 之间，但 C 语言中不能出现−4＜x＜4 的形式，表示同时满足时用 && 符号表示。

20. 5　10

分析：条件表达式，先计算？前面的表达式，若结果为真取：前面的表达式的值，若结果为假取：后面的表达式的值。

21. 20　4

分析：计算表达式 a＝3；b＝5；c＝（++a）*b；顺序执行，++a 的结果是先自加再执行，所以 c＝4*5＝20。

二、选择题

1. A　　2. B　　3. D

4. A

分析：B 选项为实型常量；C 选项为数值的千分位表示；D 选项是数值的错误表示方法，数位间不能有空格。正确答案为 A。

5. C

分析：A 选项 E 后面指数必须为整数，B 选项 e 前面必须有数值，D 选项数位间不能有空格。正确答案为 C。

6. A

分析：字符常量都是用一对单引号括起来的，所以排除 B 和 C，每对单引号里面只能有一个字符，所以 D 也不对。正确答案为 A。

7. C

8. A

分析：转义字符是由一对单引号括起来一组以反斜杠"\"开头，后跟一个或几个字符的字符序列，所以 C 排除，转义字符是具有特定含义的字符型数据，B 和 D 不对。正确答案为 A。

9. B

10. D

分析：C 语言规定赋值符号的左边只能是变量而不能是表达式，所以正确答案为 D。

11. C

分析：逗号表达式从左到右依次计算，x＝2，y＝5，y++表示先执行再自加，所以执行完后 y＝6，最后 x＋y＝8。正确答案为 C。

12. A

分析：x%2，若 x 为奇数此表达式的值为 1（真），若 x 为偶数此表达式的值为 0（假），所以正确答案为 A。

13. B

分析：a++==4，判断 a++是否等于 4，先执行再自加，因为 a＝3，所以 a==4 的值为 0，执行后 a 的值变为 4，又因为 && 运算，前面一个表达式为 0，则不再计算运算符后面的表达式，所以 b 的值不变为 4，正确答案为 B。

14. B

15. A

16. C

分析：a＝4 所以!a＝＝0,!a&&!b＝＝0,c＝0,!c＝＝1,所以!a&&!b∥!c＝1,正确答案为 C。

17. A

分析：＝＝符号的右边必须是常量,所以 B 不对,％符号的左右两边必须都是整数,所以 C 不对,＝符号的左边必须是变量不能是表达式,所以 D 不对,正确答案为 A。

18. C

19. A

20. B

分析：x＝43,y＝0,所以 x＞＝y 表达式的值为真,ch＝'A'所以 ch＜'B'表达式的值为真,y＝0 所以!y 表达式的值为真,所以 x＞＝y&&ch＜'B'&&!y＝＝1,正确答案为 B。

习题 3 基本数据类型

一、填空题

1. int 4

2. －128～127,即－2^7～2^7－1 0～257,即 0～2^8－1

3. char 1

4. ASCII

5. float 4 8

6. 内存单元

7. int i;

8. char c＝'a';

二、选择题

1. C

分析：因为 m＝7 所以 m％3＝＝1,x＝2.5，y＝4.7 所以(int)(x＋y)＝7,(int)(x＋y)％2＝＝1,(int)(x＋y)％2/4＝＝0,m％3＊(int)(x＋y)％2/4＝＝0,x＋m％3＊(int)(x＋y)％2/4＝＝2.500000,正确答案为 C。

2. A

分析：各类型变量混合运算会进行强制转换,转换顺序是整型转换为实型,实型转换为双精度实型,所以正确答案为 A。

3. B

4. A

5. D

分析：5－6＝＝－1 所以排除 A,5％6＝＝5 所以排除 B,5/6.0＝＝0.833333 所以排除 C,正确答案为 D。

6. A

分析：从右往左依次计算,a＝＝9 所以 a＋a＝＝18,a－＝18,a＝a－18 则 a＝＝－9,

a+=−9 所以 a＝a+(−9)＝−18,正确答案为 A。

    7. B

    分析：x += x −= x − x 从右往左依次计算,x==10,x−x==0,x−=0,x=x−0,x==10,x+=10,x=x+10,x==20,正确答案为 B。

    8. B

    分析：int c1＝1,c2＝2,c3;c3＝1.0/c2 * c1;计算 c3＝1.0/c2 * c1,从左往右依次计算,c2=2,1.0/c2==0.5,c1=1,0.5 * c1==0.5,正确答案为 B。

    9. A

    分析：x=(float)(y * 3+((int)y)%4)　　y=5.5 所以(int)y==5,y%4==1,y * 3==16.5,所以(float)(y * 3+((int)y)%4)==17.500000,但是 x 是整型变量,所以 x 的值为 17,正确答案为 A。

    10. B

    11. A

    12. B

    13. C

    14. A

    分析：第 13～15 题是同一段程序,第 13 题和第 15 题都非常简单,a 和 c 都是自加后的结果,此题有所区别,因为‖符号左边结果非 0,所以右边的表达式不做计算,所以 b 仍然等于 1,正确答案为 A。

    15. A

    16. C

    分析：计算 a 的值,应先计算 w>x 的值,w=1,x=2 所以 w>x 为 0(假),所以 a==0,正确答案为 C。

    17. A

    18. D

    19. A

    20. A

    分析：++符号只能用于整型数据,正确答案为 A。

习题 4　输入输出

一、填空题

1. scanf()　printf()

2. stdio. h

3. scanf()　printf()

4. 格式说明符　普通字符

5. %　\

6. d　f

7. getchar()　putchar()

二、写出以下各程序的输出结果

1. 1234

分析：%d 格式输出十进制整型数，原样输出，所以输出结果为 1234。

2. jj1234 （说明：j 代表一个空格）

分析：%6d 格式指定输出宽度为 6 列宽度，不足 6 列右对齐左补空格，所以输出结果为 jj1234。

3. 1234

分析：%2d 格式指定输出宽度为 2 列宽度，2 列宽度小于实际输出数据的 4 列宽度，待输出数据将原样输出，所以输出结果为 1234。

4. 123.456000

分析：%f 格式表示以实型数据输出，系统默认 6 位小数，所以输出结果为 123.456000。

5. jj123.456000

分析：%12f 格式指定输出宽度为 12 列宽度，待输出实型数据 123.456 补足 6 位小数右边添加 3 个 0，再加上小数点共 10 列宽度，默认右对齐左边补上两个空格，共 12 列宽度，所以输出结果为 jj123.456000。

6. jj123.456000

分析：%12.6f 格式指定输出宽度为 12 列宽度，其中小数位数为 6 位，待输出实型数据 123.456 补足 6 位小数右边添加 3 个 0，再加上小数点共 10 列宽度，默认右对齐左边补上两个空格，共 12 列宽度，所以输出结果为 jj123.456000。

7. 123.456000

分析：%2.6f 格式指定输出数据占 2 列宽度小数部分占 6 列宽度，2 小于 6 存在矛盾，整数部分系统原样输出，小数部分占 6 列，所有输出结果为 123.456000。

8. 123.456000

分析：%.6f 格式指定小数部分占 6 列宽度，整数部分原样输出，所以输出结果为 123.456000。

9. jjjjjj123.46 （说明：j 代表一个空格）

分析：%12.2f 格式指定输出数据占 12 列宽度，小数部分占 2 列，默认右对齐，所以数据结果为 jjjjjj123.46。

10. jjjjjjjjj123 （说明：j 代表一个空格）

分析：%12.0f 格式指定输出数据占 12 列宽度，小数部分占 0 列，默认情况下右对齐，所以输出结果为 jjjjjjjjj123。

11. 123

分析：%.0f 格式指定输出数据小数部分占 0 列，所以输出结果为 123。

12. 1.234560e+002

分析：%e 格式指定输出数据以指数的形式输出，指数部分包括 e 在内共占 5 列宽度，小数部分系统默认占 6 列宽度，所以输出结果为 1.234560e+002。

13. 1.234560e+002

分析：%13e 格式指定输出数据占 13 列宽度，待输出数据整数 1 位占 1 列，小数点占 1 列，小数位数占 6 列，指数部分占 5 列，共 13 列，所以输出结果为 1.234560e+002。

14. 1.23456000e+002

分析：%13.8e 格式指定输出数据占 13 列宽度,其中小数部分占 8 列;待输出数据整数 1 位占 1 列,小数点占 1 列,小数位数占 8 列,指数部分占 5 列,共 15 列,大于 13 列,所以将突破 13 列宽度限制,输出结果为 1.23456000e+002。

15. 1.23456000e+002

分析：%3.8e 格式指定输出数据占 3 列宽度,其中小数部分占 8 列;待输出数据整数 1 位占 1 列,小数点占 1 列,小数位数占 8 列,指数部分占 5 列,共 15 列,大于 3 列,所以将突破 13 列宽度限制,输出结果为 1.23456000e+0020。

习题 5　条件判断语句

一、填空题

1. 选择结构　循环结构

2. 函数　函数调用

3. if 语句

4. switch 语句

5. break 语句

二、选择题

1. A

分析：定义 x、y、z,进行运算 x+=y+=z,结果 x=3、y=2、z=1,因此计算 x<y?y:x 结果为假,显示 x 的值。正确答案为 A。

2. B

分析：逻辑表达式为真,选择条件表达式的前一项'ch+32'。正确答案为 B。

3. C

分析：A 选项为真,值为 1;B 选项逻辑"或"的优先级最低,为真,值为'1';C 选项任何值与'1'或都是 1,非'1',逻辑表达式为'假',值为'0'。正确答案为 C。

4. A

分析：用 if 语句进行判断,当括号里的表达式为"真",则执行其后 if 子句,"!0"为真,执行 x-=1,x=1,与此一样计算,x 的值为'-4',正确答案为 A。

5. D

6. A

分析：条件表达式的运算顺序是"自右往左",值为'1',正确答案是 A。

7. C

分析：C 语言的语法规定：else 子句总是与前面最近的不带 else 的 if 相结合,故答案选 C。

8. A

9. B

分析：用 if 语句进行判断表达式为"假",跳过其后的子句'z=x',去执行"x=y;y=z",对 x,y 进行重新赋值,z 的值没有变,正确答案为 B。

10. D

分析：if 语句的表达式可以是：算术，关系，逻辑，赋值等。表达式"a＝a＋b"为"真"，执行其后的子句，正确答案是 D。

11. A

分析："自增运算符"比"大于"的优先级高，"x＝6＞5"表达式为真，正确答案为 A。

12. A

13. D

分析：if 语句执行表达式为真的子句，最后执行到'x＝4'，正确答案为 D。

14. C

15. A

分析：条件表达式的形式为：表达式 1？表达式 2：表达式 3，当"表达式 1"的值为非零时，求出"表达式 2"的值就是整个条件表示式的值；当"表达式 1"的值为零时，则求"表达式 3"的值，这时便把"表达式 3"的值作为整个条件表达式的值。正确答案为 A。

三、编程题

1. 分析：用 if 语句进行判断，表达式的值为"1"时，输出"yes"，否则输出"no"。

```
main()
{ int x;
scanf("%d",&x);
if (x%5==0 && x%7==0)
  printf("yes");
else
  printf("no");
}
```

2. 分析：用赋值语句把"x＊x＋y＊y＊z＊z"赋给"a"，用 if 语句对 a 进行判断，表达式的值为"1"时，输出 a 千位以上的数，否则输出三个数的值。

```
main()
{ int x,y,z,a,b;
scanf("%d %d %d",&x,&y,&z);
a=x*x+y*y*z*z;
if (a>1000)
{b=a/1000;printf("%d",b);}
else printf("%d",x+y+z);
}
```

3. 分析：用 if 语句进行判断。

```
#include <math.h>
main()
{ float a,b,c,s,area;
scanf("%f,%f,%f",&a,&b,&c);
if (a+b>c && b+c>a && a+c>b)
{ s=1.0/2*(a+b+c);
area=sqrt(s*(s-a)*(s-b)*(s-c));
```

```
printf("area = % 7.2f\n",area);}
else
printf("bu neng goucheng san jiao xing \n");
}
```

习题 6 循环控制

一、填空题

1. 条件循环   计数循环   直到型的 do-while 结构   for 循环

2. 非 0

3. 5   4   6

4. 1024

5. －1

二、选择题

1. A

2. B

分析：在 do-while 构成的循环中,总是先执行一次循环体,然后再求条件表达式的值,因此,无论条件表达式的值是 0 还是非 0,循环体至少要被执行一次,正确答案为 B。

3. D

分析：for 语句的执行次数为 4 * 5＝20,正确答案为 D。

4. A

5. A

分析：在 do-while 构成的循环中,总是先执行一次循环体,然后再求条件表达式的值,因此,无论条件表达式的值是 0 还是非 0,循环体至少要被执行一次,"x＝1,执行 while 语句,"!1＝0",结束循环",正确答案为 A。

6. C

分析：i＋＋,先使用 i 的值,再执行 i＋1,正确答案选 C。

7. A

分析：当"i＜＝18 时,输出的值为 2,4,6,8,10,12,14,16,18,20 这 10 个数"。

8. B

9. A

分析：while 语句的表达式的值为'1',执行无限次,正确答案为 A。

10. B

分析：C 语言中用数字'1'表示逻辑'真',正确答案为 B。

11. A

12. D

分析：当'x＝4'时,结束 for 循环语句,所以执行 4 次,正确答案为 D。

13. A

分析：因为缺少条件判断,表示逻辑'真',数字为'1',循环将会无限执行下去,正确答案为 A。

14. C

15. D

分析：若在循环体内需要多条语句，可用复合语句，正确答案为 D。

16. A

分析："i==0"表示逻辑'假',跳出 for 循环,正确答案为 A。

17. D

分析：break 和 continue 的作用不同,当 break 出现在循环体中的 switch 语句体内时,其作用只是跳出该 switch 语句体,并不能中止循环体的执行；continue 语句的作用是跳出本次循环体中余下尚未执行的语句,立刻进行下一次的循环体条件判定,可以理解为仅结束本次循环,正确答案为 D。

18. A

分析：continue 语句的作用是跳出本次循环体中余下尚未执行的语句,立刻进行下一次的循环体条件判定,可以理解为仅结束本次循环,正确答案为 A。

19. B

分析：'k＝0'的值为'0',表示逻辑'假',不执行 while 的循环体,因此,正确答案为 B。

20. D

分析：for 循环的执行次数为"3 * 2 * 3＝18",因此,正确答案为 D。

三、编程题

1. 分析：用 for 循环语句编写程序。

```c
#include<stdio.h>

void main()
{
int i,j,k;
for(i=1,i<=6;i++)
{
 for(j=1;j<=20-3*i;j++)
 printf("    ")
 for(k=1;k<=i;k++)
 printf("%3d",k);
 for(k=i-1;k>0;k--)
  printf("%3d",k);
 printf("\n");
}
}
```

2. 分析：用 while 语句对是否是字母进行判断,用 for 循环将小写字母变成对应的大写字母后的第二个字母。

```c
#include<stdio.h>
void main()
{
char c;
while((c=getchar())!='\n')
```

```
{ if(c > = 'a'&&c < = 'z')
 { c -= 30;
  for(c>'Z'&&c < = 'Z' + 2)
   c -= 26;
 }
printf(" % c",c);
}
}
```

3. 分析：用 for 循环语句,用 if 语句进行判断。

```
# include < stdio. h>
void main( )
{
int i, j, k, l = 1;
for( i = 0; i < = 20; i++)
  for( j = 0; j < = 50; j++)
    { k = 100 - i * 5 - j * 2;
    if(k > = 0)
      { printf(" % 2d, % 2d, % 2d ", i, j, k);
        l = l + 1;
        if(l % 5 == 0) printf("\n");
      }
    }
}
```

4. 分析：定义三个变量,对其进行赋值,用 while 语句变量进行判断。

```
# include < stdio. h>
main( )
{int day, x1, x2;
 day = 0; x1 = 1020;
 while(x1) {x2 = (x1/2 - 2); x1 = x2; day++; }
 printf("day = % d\n", day);
  }
```

习题 7 函数

一、填空题

1. 模块化设计　函数
2. 函数体　有参函数　无参函数
3. return 语句

分析：return 语句将被调用函数中的一个确定值带回到主调函数中去。如果需要从被调用函数带回一个函数值(供主调函数使用),被调用函数中必须包含 return 语句。如果不需要从被调用函数带回函数值可以不要 return 语句。

4. 函数语句　函数表达式

分析：表达式方式：函数调用出现在一个表达式中，这种表达式称为函数表达式，这时要求函数返回一个确定的值以参加表达式的运算。

语句方式：把函数调用作为一个语句常用于只要求函数完成一定的操作，不要求函数返回值，这在 scanf() 函数及 printf() 函数的调用中已多次使用。

在其他高级语言中，函数的调用只能以表达式方式进行。C 语言中的语句方式调用，实际还是以表达式方式调用为基础。

5. 按值传递　按址传递

分析：传值时子函数（被调用者）复制父函数（调用者）传递的值，这样子函数无法改变父函数变量的值。

传址时父函数将变量的地址传递给子函数，这样子函数可以能通过改写地址里的内容改变父函数中的变量。

二、选择题

1. A

分析：函数名后一对圆括号中是形式参数和类型说明表，每个形参之前都要有类型名。各形参的定义之间用逗号隔开。

2. B

分析：局部变量，在其他函数中用不了。

3. D

分析：A 和 C 太绝对。B 调用函数时，数组元素可以作为实参传递给形参。

4. A

分析：未在调用前定义的函数，编译程序都默认函数的返回值为 int 类型。

5. C

分析：A 如果用户定义函数在 main 函数之前，可以不声明。B 参数类型和返回类型可以省略。D 空函数不完成任何操作，但它是有用的，一般用来在测试程序的时候方便添加代码进行调试。

6. B

分析：A 形参之间用逗号隔开。D 函数名后一对圆括号中是形式参数和类型说明表，每个形参之前都要有类型名。

7. A

分析：C 语言中规定，有返回值的函数调用，可以作为表达式或表达式的一部分，也可以作为一条语句，故选项 A 和选项 C 正确。而有返回值的函数调用只能作为一个函数的实参（即将其返回值传给相应的实参），而不能作为形参（形参是在函数定义时说明的）。故 B 正确 D 不正确。

8. C

分析：B 形式参数是指声明函数以及创建函数时参数列表里的参数，用来接收实际参数，也就是被赋值，包括传值赋值，传址赋值等方式。局部变量是指声明在函数里的变量，它的生存周期是和它所在的函数体一致的。C 在一个函数内部定义的变量是内部变量，它只在本函数范围内有效，也就是说只有在本函数内才能使用它们，在此函数以外是不能使用这些变量的。

9. B

分析：在整个程序运行期间，静态局部变量在内存的静态存储区中占据着永久性的存储单元。即使退出函数以后，下次再进入该函数时，静态局部变量仍使用原来的存储单元。由于并不释放这些存储单元，因此这些存储单元的值得以保留，因而可以继续使用这些存储单元的值。

10. A

分析：变量的作用域因变量的存储类型不同而不同，auto 和 register 类型的变量的作用域是说明变量的当前函数，外部变量的作用域是整个程序，即外部变量的作用域可以跨越多个文件，内部静态变量的作用域是当前函数，外部静态变量的作用域是当前文件，即可以跨越同一文件的不同函数。

11. A

分析：实参不仅可以是变量、常量，还可以是表达式，rec1 为一个参数，rec2＋rec3 为一个参数，这是一个算术表达式，(rec4,rec5)为一个参数，这是一个逗号表达式。

12. B

分析：标准库函数的方便之处在于，用户可以不定义这些函数，就直接使用它们。比如我们想用 printf 函数打印输出，只要了解该函数的功能、输入输出参数和返回值，具体使用时按照给定参数调用 printf 函数即可。在调用标准库函数时，需要在当前源文件的头部添加 #include "头文件名称"或者 #include ＜头文件名称＞。标准库函数的说明中一般都写明了需要包含的头文件名称。例如，如果要使用 sqrt 函数，需要在文件头部增加一行。

13. C

分析：A. auto 自动变量 B. register 寄存器变量 C. static 静态变量 D. extern 外部变量。

14. D

分析：数据只能从实参单项传到形参。

15. A

分析：B、C 函数不可以嵌套定义。C、定义成 void 类型的函数没有返回值。D、不必要放在同一源程序，只要分别编译后连接起来则可。A、单向的值传递，只能从实参到形参。

三、编程题

1.

```
float fac(int n)
{
float f;
if (n＜0) printf("n＜0,error!");
else if(n==0 || n==1) f=1;
else f=fac(n-1)*n;
return(f);
}
main()
```

```
{int h,s = 0,n;
 for(n = 1;n <= 10;n++)
 { h = fac(n);
    s = s + h;}
 printf("s = 1! + 2! + ... + 10!= %d\n",s);
 }
```

2.

```
#include <stdio.h>
int add(int a,int b)
{
return (a + b);
}
main()
{
int a,b,c;
scanf("%d%d",&a,&b);
c = add(a,b);
printf("%d\n",c);
}
```

3.

```
main()
{
char ch[50] = "he is my friend";
int i,word = 0;
for(i = 0;ch[i]!= '\0';i++)
  if(ch[i] == ' ') word = 0;
  else if (word == 0)
          {ch[i] = capslock(ch[i]);
          word = 1;}
printf("%s",ch);
}
capslock(char a)
{
a = a - 32;
return(a);
}
```

习题 8 数组

一、选择题

1. A

分析：数字的声明可以不用单引号，所以 C 选项正确。但是，数组初始化必须是在定义元素的范围内，也就是说初始化的元素个数可以小于定义的元素个数，但是不能超过。

2. D

分析：因为数组 x 还存储了一个结束符。

3. A

分析：char 在内存中占一个字节，而数组 array 的数组元素个数由 "china" 的个数确定，而字符串有个结束标志，所以数组元素的个数共 6 个，相当于 array[6]，每个元素占一个字节，所以 6×1＝6。

4. B

分析：数组初始化应该这样：s[3]＝{'aa','bb','cc'};。

5. D

分析：scanf 函数输入表应该是地址表，数组名是地址常量，a＋i++ 是基地址 a 加偏移量 i，本身是地址量。&a[i＋1]i 值没有变化，循环不能停止。a＋i i 值没有变化，循环不能停止。&a[＋＋i] i 因为先加 1，数组最后一个值放在 a[9] 后面的位置，数组已经超界。

6. A

分析：定义数组如果没有进行初始化，则其成员的值不确定。

7. B

分析：scanf 函数在读取字符时读取了就结束了，在读取数值时，以空格或者回车符结束，字符串是以空格结束，所以输入 1 当作字符读取，结束第一个 scanf，然后读取 23 遇到空格结束，接着读取 456 作为字符串与空格结束。

8. C

分析：gets（字符数组名）功能：从标准输入设备键盘输入一个字符串。gets 函数并不以空格作为字符串输入结束的标志，而只以回车作为输入结束。strcat（字符数组名 1，字符数组名 2）功能：把字符数组 2 中的字符串连接到字符数组 1 中字符串的后面，并删去字符串 1 后的串标志"\0"。所以输出 ABC。

9. A

分析：本空应该填入 x＝＝a[i]，而 !(x－a[i]) 与 x＝＝a[i] 等价，故选 A。

10. B

分析：A 项行数大于初值 C 项初始化没有行和列。D 项第三行的列数大于初值。

11. A

分析：把二维数组想象成一个矩阵，所以上面的这个数组的意思就是：定义了一个 5 行 4 列的矩阵，又下标是从 0 开始计算的。所以最大的下标元素只能到[4][3]。

12. B

分析：m[行][3 列]＝{0 行 0 列，0 行 1 列，0 行 2 列，1 行 0 列，1 行 1 列，1 行 2 列}。m[1 行][2 列]＝6。

13. C

14. D

15. A

分析：定义 3 行 3 列，只初始化第 1 行和第 2 行，则第 3 行 3 个被默认设置为 0。x$_{[2][2]}$ 就是指第三行第三列的值，为 0。因此，结果是 0。

二、写出以下各程序的运行结果

1. 852

分析：因为 a[i]＝10－i，所以 a[2]＝10－2＝8，a[5]＝10－5＝5，a[8]＝10－8＝2，显示 852。

2. 0

分析：int n[5] = {0, 0, 0},　　　　　　　/* n[0]～n[4]全部清零,赋予初始值为 0 */

　　　 k = 2;　　　　　　　　　　　　/* K 初始化为 2 */

　　　 /* 进入循环 */ i = 0; i＜k; i++ /* 成立 */

　　　 /* 则执行 */ n[i] = n[i] + 1 /* 即 n[0] = n[0] + 1; 即 n[0] = 1; */

　　　 /* 执行 i++ */ i = 1;　　　　　　　　//成立,继续循环

　　　 /* 则执行 */ n[i] = n[i] + 1 /* 即 n[1] = n[1] + 1; 即 n[1] = 1; */

　　　 /* 执行 i++ */ i = 2；i＜k　　　　　　//不成立,跳出循环

　　　 /* 执行输出语句 n[k] n[k] 就是 n[2], 上面值改了 n[0]和 n[1]的值,n[2]则还是 0。

3. 10010

分析：把答案逆序就是 18 的二进制表示。

4. 1234

分析：首先比较 a1[0]和 a2[0]大小,a1[0]＝1,a2[0]＝2,1＜2,所以第一次 a[0]＝a1[0]＝1,然后注意：此时 i＝1,j＝0；

接着 k＝1,比较 a1[1]和 a2[0]大小,a1[1]＝3,a2[0]＝2,3＞2,所以 a[1]＝a2[0]＝2,然后注意：此时 i＝1,j＝1；

接着 k＝2,比较 a1[1]和 a2[1]大小,a1[1]＝3,a2[1]＝4,3＜4,所以 a[2]＝a1[1]＝3,然后注意：此时 i＝2,j＝1；

接着 k＝3,比较 a1[2]和 a2[1]大小,a1[2]＝6,a2[1]＝4,6＞4,所以 a[3]＝a2[1]＝4,然后注意：此时 i＝2,j＝2；

最后输出就会是 1,2,3,4。

5. 21

6. 3

7. 0650

分析：在按题目中的语句对数组 a[4][4]赋值后,数组中的各个元素值如下：

第一行：1,3,5,0

第二行：2,4,6,0

第三行：3,5,7,0

第四行：0,0,0,0

因此,输出的元素 a[0][3]＝0;a[1][2]＝6;a[2][1]＝5;a[3][0]＝0。

8. 19

分析：aa[0][1]＋aa[1][1]＋aa[2][1]＋aa[3][1]＝2＋6＋9＋2＝19

　　　 9a[1][0] ＋a[1][1] ＋ a[2][0] ＋a[2][1] ＝ 3＋4＋5＋6＝18。

9. 18

10. 6

三、编程题

1.

```c
#include < stdio. h>
void main()
{
char str[50],paixu[50],ch;
int i,j,n = 0;
gets(str);
for(i = 0;str[i]!= '\0';i++)
  if(str[i] % 2 == 1)
  {
  paixu[n] = str[i];
  n++;
  }
paixu[n] = '\0';
for(i = 0;i < n - 1;i++)
{
  for(j = i + 1;j < n;j++)
    if(paixu[i]> paixu[j])
    {
    ch = paixu[i];
    paixu[i] = paixu[j];
    paixu[j] = ch;
    }
}
puts(paixu);
}
```

2.

```c
#include "stdio. h"
void main()
{
 int a[5][5] = {{5,6,7,8,9},{4,5,6,7,8},{3,4,5,2,1},{2,3,4,9,0},{1,2,5,4,8}};
 int i,j,col,row,Min,Max;
 printf("Type some data...\n");
 for(i = 0;i < 5;i++)
 {
  Min = a[i][0];col = 0;
  for(j = 0;j < 5;j++)
  {
   if(Min > a[i][j])
   {
    Min = a[i][j];
    col = j;
```

```
        }
        }
    Max = a[0][col];row = 0;
    for(j = 0;j < 5;j++)
    {
      if(Max < a[j][col])
      {
      Max = a[j][col];
       row = j;
      }
      }
    if(row == i)
        printf("马鞍数是行 % d,列 % d,值：% d\n",row + 1,col + 1,a[row][col]);
      }
  }
```

3.

```
#include <stdio.h>
#include <string.h>
main()
{ char s[10];long n = 0;
  int i = 0;
  printf("Enter a string:\n");
  gets(s);
  if(s[0] == '-')
    i++;
  while(s[i])
  {
   n = n * 10 + s[i] - '0';
   i++;
   }
  if(s[0] == '-')
    n = - n;
  printf(" % ld\n",n);
}
```

4.

```
#define N 3
#define M 3
main()
{ int a[N][M] = {4,5,6,1,2,3,6,7,8},b[N][M],i,j;
  for(i = 0;i < N;i++)
      b[i][0] = a[i][M - 1];
  for(i = 0;i < M - 1;i++)
      for(j = 0;j < N;j++)
```

```
            b[j][i + 1] = a[j][i];
    for(i = 0;i < N;i++)
    { for(j = 0;j < M;j++)
            printf(" % d ",b[i][j]);
        printf("\n");
    }
}
```

习题 9   指针

一、选择题

1. A

分析：fun 为指针函数,当调用该函数时将返回一个地址值,根据函数体内容可知,当调用该函数时将返回形参 p 中存放的地址值。正确答案为 A。

2. B

分析：*(p+9)的值为数组 a 最后一个元素的值 10；*p+=9 等价于 *p= *p +9,该表达式的值为 1+9,即 10；p+8 值为指针,指向下标为 8 的元素；*(p+8)为下标为 8 的元素的值。正确答案为 B。

3. C

分析：表达式 p=a+5 的值为下标是 5 的元素的地址,对表达式 *——p 求解时,先计算——p,使得 p 指向下标为 4 的元素,然后再进行 * 运算。正确答案为 C。

4. A

分析：对表达式 *p+9 进行求解时,*p 的值为数组 a 下标为 0 的元素值 1,然后再加 9,所以最终表达式的值为 10。正确答案为 A。

5. D

分析：*a 存在逻辑错误,a 为普通的整型变量,不能进行 * 运算。正确答案为 D。

6. B

分析：对表达式++ *x 求值时,先求 *x 的值 25,++放在前,在%d 格式输出时需要加 1,最终结果为 26。正确答案为 B。

7. D

分析：*&j 与 j 等价,因为 p 指向 i,所以 *p 放在赋值运算符左侧,表示 p 指向的存储单元 i。正确答案为 D。

8. A

分析：语句 int a[10], *p=a;,使指针变量 p 指向数组 a 的首地址,p+2 即为下标为 2 的元素的地址。*(p+2)即为下标为 2 的元素的值。正确答案为 A。

9. C

分析：A 选项不能以字符串的形式访问 s 数组,只能访问单个元素；B 选项数组 s 的长度不够；D 选项 s 为指针,就不需要再对其取地址运算了。正确答案为 C。

10. A

11. C

分析：4 个选项均为逗号表达式,各表达式的值均为最后一个表达式的值,A 选项值为 4,B 选项值为 4,C 选项值为 3,D 选项值为 4。正确答案为 C。

12. B

分析：字符串的实际长度为 4,p+4 指向字符串结束标识。正确答案为 B。

13. A

分析：int（＊ptr）[10]；该语句定义了一个指向一个数组的指针变量 ptr,即数组指针。正确答案为 A。

14. D

15. A

二、写出以下各程序的运行结果

1. xyabcBCD

分析：表达式 strcat(p1＋2,p2＋1),为字符串连接运算,所得字符串为"abcBCD",strcpy(str＋2,strcat(p1＋2,p2＋1))为字符串复制运算,最终结果为"xyabcBCD"。

2. 19

分析：for 循环的循环体共执行 3 次,第一次时 ＊(p＋x)的值为 4,第二次时 ＊(p＋x)为 6,第三次时 ＊(p＋x)值为 8,再加上 y 的初值 1,最终 y 的值为 19。

3. 80,－20

分析：main()函数中调用语句 fun(a,b,&c,&d);,后面两个参数传递的是地址值,即按址传递；当执行被调函数的函数体语句时 ＊cp＝x＋y;＊dp＝x－y;,其功能相当于在 main()函数中执行 c＝x＋y;d＝x－y;,所以最终变量 c 和 d 值为 80 和－20。

4. 6

分析：main()中调用语句 func(&a,b);,其两个实参均为地址值；被调用函数中 ＊a 即为 main()中的 a,b[0]即为 main()中的 b[0],所以最终 b[0]值为 0＋6＝6。

5. 6

分析：b 为全局变量,值为 2；main()函数中调用语句 res＋＝func(&a);,实参为 a 的地址值,被调函数 func 形参指针变量 a 接收到地址,在 func 中 ＊a 的值即为 2,所以语句 b＋＝＊a;执行后,变量 b 的值为 4,返回主调函数执行语句 res＋＝func(&a);后,res 的值为 6。所以最终输出结果为 6。

三、编程题

1.

分析：用指针指向两个变量,用 if 语句对两个变量进行判断。

```c
#include <stdio.h>
main()
{
    int a,b,min,＊pa,＊pb,＊pmin;
    pa＝&a;pb＝&b;pmin＝&min;
    scanf("％d％d",pa,pb);
    printf("a ＝ ％d b ＝ ％d\n",a,b);
    ＊pmin ＝ ＊pa;
    if(＊pa＞＊pb) ＊pmin ＝ ＊pb;
```

```
        printf("min  =   % d\n",min);
}
```

2.

分析：要对 swap 函数进行说明，写 swap 函数，功能是交换 x 与 y 的值。

```
#include < stdio. h >
void swap(int  * , int  * );
main()
{
    int x = 30, y = 20;
    printf("x  =   % d   y  =   % d\n",x,y);
    swap(&x, &y);
    printf("x  =   % d   y  =   % d\n",x,y);
    }
 void swap(int  * a, int  * b)
{
    int t;
    printf("a  =   % d b  =   % d\n", * a, * b);
    t = * a;  * a = * b;  * b = t;
    printf("a  =   % d b  =   % d\n", * a, * b);
}
```

3.

分析：定义两个函数，swap 函数进行交换，用 order 函数进行判断。

```
#include < stdio. h >
void swap(int  * x1, int  * x2)
{
    int t;
    t = * x1;  * x1 = * x2;  * x2 = t;
 }
void order(int  * a, int  * b)
{
    if( * a > * b)swap(a,b);
}
main()
{
    int x, y;
    printf("Enter x, y :");scanf(" % d % d",&x,&y);
    printf("x = % d y = % d\n",x,y);
    order(&x, &y);
    printf("x = % d y = % d\n",x,y);
}
```

4.

```
#include < stdio. h >
int myadd(int  * a, int  * b)
```

```
    {
        int sum;
        sum = * a + * b;
        return sum;
    }
    main()
    {
        int x,y,z;
        printf("Enter x,y:"); scanf("%d%d",&x,&y);
        z = myadd(&x,&y);
        printf("%d+%d= %d\n",x,y,z);
    }
```

习题 10　字符串

一、选择题

1. A　2. B　3. A　4. D　5. C

分析：接收字符串数据应该使用%s格式，使用 scanf()时地址表列中可以使用数组名或指针变量。正确答案为 C。

6. B

7. C

分析：A 选项中 p 为数组名，不能再取地址；B 选项输出表列中不能用 * p，* p 只表示一个字符值；D 选项中不能使用%c 格式。正确答案为 C。

8. A

分析：字符串数据的输出应该使用%s格式，输出表列中应该使用地址或指针。正确答案为 A。

9. D

分析：A 选项 p 为指针数组，q 为普通的指针变量，基类型不同，不能相互赋值；B 选项 p 为数组名不能再取地址；p 为一维数组名，* p 为第一个元素值。正确答案为 D。

10. A

11. B

分析：'computer'存在语法错误；C 选项中 q＝p[0]，赋值运算符左侧应该对指针变量进行 * 运算；D 选项中 p 为指针数组，p 和 q 的基类型不同。正确答案为 B。

12. A

分析：定义数组如果没有初始化，数组的维数值是不能省略的。正确答案为 A。

13. C

分析：A 选项初始化列表中"ccccc"超出了列宽；B 选项中不能缺省列数；D 选项初始化列表中字符串数量超出了数组的行数。正确答案为 C。

14. D

分析：A、B 两个选项中初始化列表中字符串的个数超出了数组的行数；C 选项一维数组不能赋值字符串。正确答案为 D。

15. A

分析：一维数组名为地址常量，不能复制，所以语句 str＝ch;是错误的。正确答案为 A。

二、写出以下各程序的运行结果

1. C,67

分析：'5'－'3'的值为 2,'A'＋2 的值为'C'的 ASCII 码值 67。

2. abc

分析：'\0'为字符串结束标识,s[3]＝'\0';的执行使得原来字符串中字符'd'被'\0'替换，所以当以％s 格式输出时遇到'\0'就停止输出。

3. 65

分析：for 循环的循环体共执行两次，第一次执行时 ch[i]为字符'6',执行循环体后 s 值为 6,第二次执行循环体时 ch[i]为字符'5',执行循环体后 s 值为 6×10＋5＝65。

4. c

5. gae

分析：指针 p1 指向数组 a,指针 p2 指向数组 b,a 和 b 两个数组中存放的字符串的实际长度都是 7,for 循环的循环体都执行 7 次,if 语句的控制条件 ＊(p1＋k)＝＝＊(p2＋k)完成两个字符串中相同位置的字符是否相同的判断,如果相同就打印输出。

三、编程题

1.

```c
#include < stdio. h>
void fun(char p1[], char p2[])
{
int i,j;
  for(i = 0;p1[i]!= '\0';i++) ;
  for(j = 0;p2[j]!= '\0';j++)
    p1[i++] = p2[j];
    p1[i] = '\0';
}
```

2.

```c
#include < stdio. h>
#include < string. h>
#define M 81
int fun(char ＊ ss, char c)
{
int i = 0;
  for(; ＊ ss!= '\0';ss++)
    if( ＊ ss == c)
        i++;                    / ＊ 求出 ss 所指字符串中指定字符的个数 ＊ /
    return i;
}
```

3.

```
#include < stdio.h>
char * fun ( char * s, char * t)
{
int i,j;
  for(i = 0;s[i]!= '\0';i++);                    /* 求字符串的长度 */
  for(j = 0;t[j]!= '\0';j++);
  if(i <= j)                                     /* 比较两个字符串的长度 */
    return t;          /* 函数返回较长的字符串,若两个字符串长度相等,则返回第 1 个字符串 */
  else
    return s;
}
```

4.

```
#include < stdio.h>
#include < string.h>
long fun ( char * p)
{
  long n = 0;
  int flag = 1;
  if( * p == '-')                               /* 负数时置 flag 为 -1 */
    {p++;flag = -1;}
  else if( * p == '+')                          /* 正数时置 flag 为 1 */
    p++;
  while( * p!= '\0')
    {n = n * 10 + * p - '0';                     /* 将字符串转成相应的整数 */
     p++;
    }
  return n * flag;
}
```

习题 11 结构体

一、选择题

1. A

分析：结构体数组 class[10],在定义时做了初始化,使得下标 0~4,共 5 个元素存放了值,字符串"Mary"在下标为 2 的 name 成员中,同时在输出 name 成员中的字符串时要用数组名 name,不能使用下标为 0 的元素。

2. C

分析：A 和 D 两个选项是最常规的使用方法,B 选项中(* p)与 std 是等价的。

3. A

分析：语句 p = &a[0];的执行,使得结构体指针 p 指向结构体数组 a[0]元素,该元素有两个成员,p->n 表示 n 成员,其值为 5,所以 p->n++的值为 6。

4. D

分析：结构体数组 x 有两个元素，分别为 birth 和 name，其中 birth 又为结构体类型，在定义结构体数组 x 时，对数组做了初始化，x[1].name 值为"Tianjin"，x[1].birth.year 值为 2009。

5. B

分析：字符'M'在字符串"Mary"中，字符串"Mary"在结构体数组 class[2]成员中。

6. A   7. B   8. C

9. D

分析：结构体数组 cunu[2]共有两个成员，cunu[0].y 的值为 3，cunu[0].x 的值为 1，cunu[1].y 值为 7，所以表达式 cunu[0].y/cunu[0].x*cunu[1].y 的值为 21。

10. A   11. B   12. A

13. A

分析：结构体数组 s[2]中每个元素都包含 4 个成员，每个成员都是 int 类型，所以每个元素都占用 16 个字节的存储空间，两个元素就占用 32 个字节的存储空间；s[0].a 值为 1，s[1].b 值为 5，所以表达式 s[0].a+s[1].b 的值为 6。

14. C   15. A

二、写出以下各程序的运行结果

1. 12

分析：结构体类型 struct date 共包含 3 个成员，每个成员都是 int 类型，所以每个该结构体类型的变量都将占用 12 个字节的存储空间。

2. 51

分析：语句 p=aa;使得 p 指向结构体数组元素 aa[0]，结构体数组任何一个元素都有两个成员，p—>x 的值为 50，所以表达式++(p—>x)的值为 51。

3. 7

分析：s[0].a 的值为 1，s[1].c 的值为 6，所以表达式 s[0].a+s[1].c 的值为 7。

4. 3,a

分析：语句 p=x+2;的执行，使得结构体类型指针 p 指向了结构体类型数组 x 下标为 2 的元素，每个结构体类型的元素又包含两个成员，p—>num 值为 3，(*p).name[2]值为 a。

5. f,4

分析：结构体类型数组 kw[]，在定义时做了初始化，该数组共有 5 个元素，每个元素有两个成员，kw[3].Key[0]值为字符'f'，kw[3].ID 的值为 4。

三、编程题

1.

```
struct student
{
    int num;
    char name[10];
    double math_score;
```

```
        double computer_score;
};
#include<stdio.h>
main()
{
    struct student std[5],std_temp;
    int i,j,temp;
    double sum[5],aver[5];
    for(i=0;i<5;i++)
    {
    printf("输入第%d个学生的学号、姓名、数学成绩、计算机成绩：\n",i+1);
    scanf("%d%s%lf%lf",&std[i].num,&std[i].name,&std[i].math_score,&std[i].computer_
score);
    }
        printf("您输入的学生信息为：\n");
    for(i=0;i<5;i++)
    {
        printf("学号：%-5d姓名：%s数学成绩：%3.1lf计算机成绩：%3.1lf\n",std[i].num,
std[i].name,std[i].math_score,std[i].computer_score);
    }
      for(i=0;i<5;i++)
      {
        sum[i]=std[i].computer_score+std[i].math_score;
        aver[i]=sum[i]/2;
      }
    //按最高分降序排列
    for(i=0;i<4;i++)
    {
        for(j=0;j<4-i;j++)
        {
            if(sum[j]<sum[j+1])
            {
                //交换最高分
                temp=sum[j];
                sum[j]=sum[j+1];
                sum[j+1]=temp;
                //交换对应的学生信息
                std_temp=std[j];
                std[j]=std[j+1];
                std[j+1]=std_temp;
                //交换平均分
                temp=aver[j];
                aver[j]=aver[j+1];
                aver[j+1]=temp;
```

```
            }
        }
    }
    printf("按最高分由高到低为：\n");
    for(i = 0;i < 5;i++)
    {
 printf("学号：% - 5d 姓名：% s 数学成绩：% 3.1lf 计算机成绩：% 3.1lf 总分：% 3.1lf 平均分：
% 3.1lf\n", std[i]. num, std[i]. name, std[i]. math_score, std[i]. computer_score, sum[i], aver[i]);
    }
}
```

2.

```
struct datetime
{
    int year;
    int month;
    int day;
};
#include < stdio. h >
int days(struct datetime);
main()
{
    int count_day;
    struct datetime date;
    printf("请输入年月日：\n");
    scanf(" % d % d % d", &date. year, &date. month, &date. day);
    count_day = days(date);
    printf("日期 % d/ % 2d/ % 2d 是 % d 的第 % d 天\n",
                    date. year, date. month, date. day, date. year, count_day);
}
int days(struct datetime date)
{
    int result = 0;
    int year = date. year, month = date. month, day = date. day;
    switch(month - 1)
    {
        case 12:
                result += 31;
        case 11:
                result += 30;
        case 10:
                result += 31;
        case 9:
                result += 30;
        case 8:
```

```
                    result += 31;
        case 7:
                    result += 31;
        case 6:
                    result += 30;
        case 5:
                    result += 31;
        case 4:
                    result += 30;
        case 3:
                    result += 31;
        case 2:
                {
                if( year % 400 == 0 || year % 100!= 0&&year % 4 == 0)
                    result += 28;
                else
                    result += 29;
                }
        case 1:
                    result += 31;
        }
    result += day;                              //加上对应的月份的天数
    return result;
}
```

参 考 文 献

[1] 董妍汝,闫俊伢.C语言趣味实验[M].北京:人民邮电出版社,2014.

[2] 孟朝霞.实用C语言程序设计上机实验教程[M].北京:清华大学出版社,2009.

[3] 张秀国,马金霞,刘博,宋传磊.新编C程序设计案例教程[M].北京:清华大学出版社,2015.

[4] 谭浩强.C程序设计题解与上机指导[M].北京:清华大学出版社,1992.